JN048829

なぜ原爆が悪ではないのか アメリカの核意識

なぜ原爆が悪ではないのか

アメリカの核意識

宮本ゆき

岩波書店

目次

序章　核意識の齟齬——日本とアメリカ

私がアメリカのシカゴにあるカトリック系のデュポール大学で、倫理学の講義を受け持ち、「原爆論説」や「核の時代」といった授業を教えて一五年強が経ちました。

最初の授業で私はいつも、次のように学生に言います。「この授業で扱う倫理学とは、何が正しくて何が間違っているかを私が教えるのではありません」と。そのうえで、ある行為が正しいとされる根拠はなにか、その正しさがどのように作られ、人口に膾炙していくかに注目を払うことを説明します。その一環として、原爆にまつわる歴史的事実、それを紐解く物語や論説の構築プロセスを通して、授業を進めていきます。もちろん授業では原爆の非人道性を訴える授業計画や課題を出しますが、最初から「原爆＝悪」というアプローチでは、なかなか学生の心と頭に響かないことが経験を通してわかってきました。原爆の非人道性には、私が説明したことによってではなく、自分で納得してその答えにたどり着いて欲しいと思ってのことです。

受け持っている講義以外にも、二〇〇五年以来ほぼ隔年、短期研修旅行プログラムで学生と一緒に広島・長崎に二週間滞在します。最初にこのプログラムを学科長と立ち上げた時、それを聞いた当時の学部長が、学科長に電話で、「君はうちの学生を反米の悪ガキに仕立てるつもりか？」

と言ってきたそうです。この学部長の専門はアメリカ政治学だったのですが、都会にあり民主党支持が多く、保守というよりはリベラルと考えられているこの大学でも、「原爆を教えること」(しかも日本人の教員によって)は、何かしらを言わずにいられない気持ちにさせたのかもしれません。幸い、この時は学科長の機転で切り抜け、この話も第一回の研修旅行が成功した後に初めて聞いたのでした。

この研修旅行は学年(一年生は参加できませんが)、学部を問わず募集をかけるため、専攻をはじめ出身地・生育歴・問題意識が多岐に亘る学生が参加してくれ、私にとっても有意義なものです。中でも二〇一八年の広島・長崎への研修旅行前に行った集中講義のディスカッションで「アメリカは原爆投下を謝罪すべきか否か」についての議論となったセッションのことは忘れられません。

学生はすでに一回目のセッションで、原爆被害についても学んでおり、「原爆投下をよし」とする学生は一人もいませんでした。しかし、それに続く二回目で「謝罪」がトピックになると、様々な意見が飛び交いました。日本の戦争犯罪(例えば、満州の地元住民やアメリカ人捕虜への人体実験を行った七三一部隊について[1])や列強による植民地というシステムそのものの功罪も踏まえ、「お互いを責めて謝り始めたらキリがないから、将来のことをもっと考えたほうがいい」という意見もあれば、「補償をしていないのだから最低でも謝罪くらいすべきだろう」という意見、はたまた「本気で核兵器を無くそうと思っていない政権が謝ってなんの意味があるのか」といったものまで様々で、どれも一理あるものばかりです。特に最後の意見は、謝罪を要求する側が文字通り「謝罪の言葉」だけを求めているのではないことを想起させてくれるものでした。

こうした真摯な学生たちの議論を聞いていると、私がアメリカで原爆論説について学ぼうと思った動機――なぜ核兵器廃絶の声はアメリカで響いていない（ように見える）のか――を思い起こすと同時に、学生の発言に抱いてきた違和感からその問いに対する答えが見えてきたことに思いが至りました。それは、日本とアメリカにおける核兵器に関する意識、「語り」の齟齬――といっても、こうした「語り」が日本でもアメリカでも一枚岩ではありませんが――というものです。日本における教育では、私自身の経験を鑑みても、二度にわたって原子爆弾を投下され、またアメリカの核実験に巻き込まれた国として、その苦しみや被害、兵器としての非人道性を学ぶ機会が多いかと思います。それに対して、アメリカの多くの教育場面では、核兵器が無条件に「悪」だとはみなされず、そのような語りはハリウッド映画やテレビゲームなどにも反映されています。「敵」が持つ核兵器は「悪」で何としてでも阻止されなければならない。しかしその一方で、自国の核兵器について省みることはありません。それは、一九九八年の映画『アルマゲドン』で核の使用が正当化される一方で、二〇一八年の『ミッション・インポッシブル』シリーズの『フォール・アウト』では、敵には、決してプルトニウムを渡してはならないといったように。

後述するように、アメリカにおいては、我々が学んできたような核兵器の非人道的性質が意識されていないように思われます。むしろ、アメリカにおける「原爆」や「核兵器」の位置づけは、社会規範や市民道徳と深く結びつく「語り」で、自らの国の核は国防として肯定されており、こうした「語り」を伝える「受け皿」が「語り」そのものを担保しているということなのです。その受け皿として、アメリカの教育があり、社会の規範があり、エンターテインメントとして消費の対象である（メイン／サブ）カルチャーにも組み込まれ、余暇の過ごし方にもおよんでいるのです。

ですから語りの齟齬は、第二次世界大戦において核兵器を所有して行使した国と投下された国、という違いにのみ起因するものではなく、教育、社会規範、その消費のされ方、全てに反映された「語り」の一大システムがある、ということに注目したいと思います。

アメリカ政治における原爆論説

二〇一五年、原爆投下七〇周年に行われたアメリカでの世論調査によると、「原爆投下は正当」と答えた人の割合は、五六％にのぼります（日本の場合、「正当」と答えたのは一四％）。この数字は、一九九一年の六三％から幾分か下がったものです。世代的にみると、六五歳以上は七〇％が原爆投下は正当だと答える中、若い一八歳から二九歳の世代では正当化する意見は四七％となっています。(2)

こういった傾向が喜ばしいことに間違いはありませんが、依然として日本とアメリカの人々の間に、原爆をめぐる認識や言説の深い断絶があることは、調査としても私の実感としても確かにあります。そして問題なのが、国の政治に直接関与する国会議員レベルで、はっきりと「原爆投下は悪かった」と言う現役のアメリカ議員は未だいないということです。

オハイオ州選出で下院、そして上院で長く議員を勤め、平和省の創設などを提唱し、最ハト派で知られた政治家デニス・クシニッチでさえ、退職後の二〇一五年にようやく「原爆投下は必要なかった」という寄稿をしているに過ぎません。[3] その寄稿文においても、反省を促す「悪かった」という文言ではなく「必要なかった」という言い回しを使っていて、原爆投下そのものの善悪を問うてはいないのです。

この言い回しには、アメリカの原爆論説の核心があるといえます。つまり「必要ではなかった」というのは、兵器自体が持つ人道に反する性質ゆえに、というよりも、「戦略的に無駄であった」というニュアンスを含ませ、核兵器そのものの性質を問うことを避けているのです。

遡っては、ベトナム戦争時、ケネディー大統領とジョンソン大統領の下で国防長官を務め、アメリカの軍事介入を拡大させてしまったロバート・マクナマラのインタビューを中心に構成された『フォッグ・オブ・ウォー』というドキュメンタリー映画があります。[4] この中でマクナマラは、第二次世界大戦が日米両国にとって、いかに非道なものであったかを語り、その流れで原爆投下についても言及しています。彼は「戦争に負けていたら（原爆投下の罪で）我々は戦犯として裁かれていただろう」とまで言うその口で、原爆投下自体は「やり過ぎ」で「必要で無かった」と言います。原爆投下自体は批判されているものの、ここでも、「日本本土の主要都市の大半を空襲で壊滅させた後に、二発の核兵器は「正義の戦争論」で言うところの「釣り合い」の原則に反する」、つまり「度がすぎる」という、戦闘における作戦の「エラー」というわけです。そしてそれが「戦犯」となったかもしれない理由として挙げられているのです。あくまでも、核兵器自体の非人道性を問うているのではない、という論陣をマクナマラは張っているのです。[5]

とはいえ、二〇〇九年から二〇一六年までのオバマ政権下では期待のもてる動きがありました。残念ながらアメリカ国内では一般的にあまり知られていませんが、二〇〇九年にチェコのプラハで行われたオバマ前大統領の核廃絶スピーチは、アメリカの大統領が政治的な「核軍縮」ではなく、道徳的な見地から「核廃絶」に言及した画期的なものでした。[6] しかしながらこうしたスピーチが、自国でなく、また核保有国のイギリスやフランスでなく、チェコという国を選んでなされたのは、公には核保有国の領土でこうした発言ができない、という現実を突きつけるものでした。

また、このスピーチ内の「道義的責任」（moral responsibility）という文言は、日本で報道された際にも強調されましたが、これは原爆投下に対する道義的責任ではなく、核兵器を投下した核保有国として、核のない世界を実現していくことに対する「道義的責任」ですから、原爆投下の責任を問うているものではないのです。[7] むしろ、冷戦後に闇取引などで行方のわからなくなっている（主に旧ソ連の）核兵器や、テロリストからの核攻撃に対する恐怖を緩和すること、そして、安全に暮らせる世界の実現に一役買う、という旧来のパックス・アメリカーナ（アメリカが牽引する平和）的な文脈でのアメリカの責任を指していると言えます。

歴代の在任アメリカ大統領として初となったオバマ前大統領の広島訪問（残念ながら、アメリカでは訪問自体があまり知られていないのですが）時のスピーチもやはり核の非人道性よりも戦争や争いの忌避が中心でした。

と、オバマ政権に批判的とも思える見解を示しましたが、二〇一七年以降のトランプ政権が核廃絶とは真逆の方向へと舵を切っている現在、その意義を過小評価するものではありません。

さて、そのオバマ政権下の二〇一〇年に行われた、核兵器に関するCNNの世論調査では、核兵器廃絶派は五〇％、少数の国が持つことを認めるべきとする意見は四九％と拮抗しています（これらの数字は、朝鮮民主主義人民共和国（以下、便宜上北朝鮮とします）やイランの核問題が再燃するたびに変動すると思われます）。しかしながら、実際に核兵器廃絶は可能だと思うか、という質問には約四分の三に当たる七四％が、「可能だとは思わない」と答えているのです[8]。もしかすると、前述の二〇一五年の調査で原爆投下を否定した若い世代が政治の中心となる頃には事情も変わっているかもしれない、というのが一縷の望みではありますが、「一九四五年の原爆投下」には反対を投じた若者が、現時点での核兵器廃絶に賛成か、というと、そこにも齟齬がある現状が読み取れる世論調査です。

表象としてのキノコ雲、象徴としての超人

原爆を「絶対悪」と思っていない言説は、マンハッタン計画（一九四二―四六年にアメリカが進めた原爆開発・製造計画）の重要な一翼を担ったシカゴ大学でも再生産されています。シカゴ大学は二〇一七年一二月七日、初めて核連鎖反応に成功した実験から七五周年を記念するにあたり、中国出身のアーティスト、蔡國強（さいこっきょう）に作品を委託しました（ちなみに、彼は二〇〇七年に、美術分野で人類の平和に貢献したことを賞するヒロシマ賞を受賞し、翌二〇〇八年に原爆ドーム上で「黒い花火」の作品を発表しています[9]）。

図 0-1　蔡國強「核反応」
Photo by John Zich（写真提供 Cai Studio）

彼の作品は、核連鎖反応が成功した同日午後三時二五分に合わせ、七色の打ち上げ花火をあげる、というものでした。

当日、シカゴ大学の教員、学生、職員、そして大学近隣に住む人々が、キャンパス内のリーゲンシュタイン図書館横にあるヘンリー・ムーア銅像「核（連鎖）反応」の周りに集まりました[10]。美術史教員による挨拶の後、蔡國強本人が、通訳を介し集まった人々に挨拶をしました。それから皆が、七五周年にちなんで、七五からカウントダウンを始め、カウントがゼロとなった瞬間の午後三時二五分、蔡の作品である七色のキノコ雲の花火が図書館の屋上から立ち上り、同時にそれを見上げる人々の間から歓声が湧き上がりました[11]。

この花火は、シカゴ大学が二〇一七年の秋学期三ヶ月間を通して行ってきた、七五周年記念行事のグランド・フィナーレを飾ったもので、一連の行事はムーアの銅像にちなみ「核反応」と命名され、特別講座、ビデオ[12]、アート展などを含む大々的なものでした。キノコ雲を連想させるこの花火は、同時にカラフルで華やかで、いくつものろうそくが立った「バースデーケーキ」のようでもありました。核実験を通じて生み出された、原爆の被害者を悼むようなまなざしは全く存在しておらず、世界で初めの核連鎖反応という科学的「快挙」を、ただ無邪気に祝うものだったのです。

関係者は、これらのイベントは「祝祭」(celebration)ではなく「記念」(commemoration)だと一貫して主張していましたが、蔡の七色のキノコ雲を見上げ歓声をあげる数百名の観客、また一連の特別講座とこれらのイベントのために作られたビデオの語りを聞いても、核連鎖反応は決して「負の歴史」ではなく「祝われるべき歴史」の記録であることは疑いの余地がありません。「記念」するということ自体が、この歴史的事件がシカゴ大学コミュニティー、ひいては科学界にとって重要である、という認識の再確認に他ならず、その「語り」は「二度と繰り返しませんから」というメッセージとは全く相入れないものです。

企画された一連の講座の中には、核連鎖反応を成功に導いたイタリア出身の物理学者、エンリコ・フェルミを物理界のローマ法王扱いするパネルディスカッションもありました(13)。

「核の倫理」のシンポジウムを主宰した宗教学部では、いまだに正義の戦争論、すなわち正戦論が持ち出され、核使用の倫理の是非が語られました。このパネルに聴衆として参加した私は、次のような質問を投げかけました。

「正戦論の核兵器への応用は、核兵器を持つことで核戦争が抑止できると考える立場の反映でしかなく、抑止力や政治的力を持たず、原爆投下や核実験などで否応なく被害にあった側からの視点が欠けているのではないか。そういう視点からの倫理こそが今から必要なのではないか」。

しかし、パネリストの一人、シカゴ大学宗教学部教授は「正戦論は行き過ぎた戦争を抑止する効力があり、核兵器にも応用できる」とだけ返答しました。もう一人のパネリストは、女性の政治倫理学者の名前をあげ、「（被害者として）女性からの視点を強調している正戦論者もいる」という返答とも言えない返答に留まりました。性のはけ口にされるなどの女性の被害には声をあげなければなりませんが、政治的力を弱められ、否応なく被害を受けるのは女性に限らないうえ、戦争体験において、女性のみが被害者として扱われることの問題（後の章で取り上げます）は、考慮にはいっていませんでした。私がこのシカゴ大学に在籍していた時も、核兵器のことなどは倫理の問題ではない、といった風潮がありました。二〇年近くたっても全く変わっていなかった「倫理学」に私は心底がっかりしました。

このイベントの締めくくりとして使われた、シンボルとしてのキノコ雲は、ワシントン州ハンフォード核施設のベッドタウン、リッチランド市にあるリッチランド高校では、校章（本書二〇六頁）としても用いられています。キノコ雲は、私たちがイメージするような「絶対悪」どころか、学校の誇りとしての象徴になっているのです。

二〇一九年、アメリカの学年末にあたる六月五日付の地元新聞で、福岡の高校生、古賀野々華さんが交換留学先のリッチランド高校のキノコ雲の校章に対する違和感を、勇気を出して表明したビデオが話題になりました。(14) 日本でも報道されており、この校章に驚いた方も多いのではないでしょうか。

古賀さんが違和感を表明した同じビデオで、リッチランド高校の高校生たちは、「唯一無二のシンボルだから」「街の一部だから」という理由で、口々に「僕たちは（キノコ雲のシンボルを）誇りに思っている」と言っています。こうした意見は必ずしも珍しいものではなく、原爆の被害が語られないまま「アメリカ人の命を救った兵器」としての美談の語りが継承されているのです。そして、それはこのリッチランドという街が、ハンフォードという、マンハッタン計画による一大核兵器施設のベッドタウンであったこととも密接に関連しています。軍の重要な任務を負ったハンフォード核施設のおかげで発展してきたこの街では、キノコ雲は忘れてはならない街の誇るべきシンボル、という扱いなのです。

幸いなことに、彼女の発言は学校内では好意的に取り上げられたことが新聞記事から読み取れます。その理由として、彼女のホストマザーが次のように発言しています。「人々が反対するであろう意見のために立ち上がり、その意見を曲げないことを誇りに思う」。これは、彼女の勇気に敬意を表するということであり、彼女の説に納得したわけではない、ということでもあります。あからさまな原爆擁護の言説よりも、意見を聞かれなければ語らないであろう市井の人たちから垣間見えた原爆観と核兵器観――これこそが私の抱く違和感であり、齟齬なのだ、と改めて認識した出来事でした。

この記事のネット上のコメント欄には、「原爆投下により（戦争終結が早まり）アメリカと日本で多くの命が救われた、日本が戦争を仕掛け、我々が終わらせたというのに」といった、七〇年以上使われているロジックが見受けられましたし、この発言に好意的とは言えない投書もありました。彼女に発言するよう促した美術教員が、彼女の日本への帰国を待って、このビデオをリリースしたのは、バッシングを予想しての気遣いだったことが見てとれます。

倫理学と原爆論説

実は、私がアメリカに渡ったのも、「なぜ何十年経っても核廃絶の訴えが広まらないのだろう」という問いの答えを探すためでした。私自身は、広島市内の小学校に通うなか、平和教育の一環で、『はだしのゲン』が学級文庫として各教室にあったり、八月六日には被ばく者の方のお話を聞いたり、といった環境だったために、「原爆が正当化されている」ことの意味がわからなかったからです。そのため、アメリカの大学院に進学し、倫理学を専攻するに至りました。

大学院で最初に直面したのは「正戦論」でした。アウグスチヌスや、トマス・アクィナスといったキリスト教神学者から現在の政治学者のマイケル・ウォルツァーに至るまで、「正戦論」は、戦争が極度に悲惨になることを防ぐためのもの、という理解が正戦論です。しかし、正戦論は戦争における作戦に携わる側の理論で、有無を言わさず核攻撃を受けるかもしれない市井の市民のための理論ではありません。そして、何よりも被ばく者の方々の証言や思想を反映しているものが(私の学んだ範囲では)存在しなかったのです。それなのに、いまだに「正戦論」が戦争や核兵器を学ぶ際の倫理の「王道」であることに、強い違和感を受けました。

アメリカの核論説が、被ばく者を「他者」とし、排除することで発展してきた感があることに悶々とするうちに、エマニュエル・レヴィナスに見るような「他者」から始まる倫理を知り、強く惹かれました。そしてレヴィナスに影響を受けたアメリカの哲学者、エディス・ウィショグロッドが定義した倫理にさらに強く感銘を受けました――「倫理とは「自己」と「他者」とのやり取りの現場であり、規範とは無縁にある場です[15]」。

この定義において「自己」はいつも「対他者」で成り立つことに鑑みると、倫理学においては他者理解はいつも自己理解に繋がるべきであるし、その逆もまた然りで、そうしたやり取りそのものこそ倫理である、というウイショグロッドの思想を、核論説にも応用できないだろうか、という思いに駆られます。

その際「自己」や「他者」という括りには、アイデンティティーという境界線があり、それを維持する装置として語りがあるということを考えると、「語り」が原爆論説(あるいはその齟齬)にも影響していることは明らかでしょう。

「日本」や「アメリカ」といった国の「語り」が、同じ歴史的事件を異なって解釈している例として、先ほどのキノコ雲の校章の例や、一九九五年のスミソニアン展示の際の論争でも明らかになりました。また、同じアメリカ国内においても、前述のマクナマラのような地位のある者の理解と、戦争当時は若き一歩兵であった『原爆を神に感謝』の著者、ポール・ファッセルの理解とでは、また異なります[16]。

そうであれば、アイデンティティーを確固たるものとし、維持していくための装置の一つとしての「語り」を見ていくこと、その成り立ちと広がりを分析することは、私が抱えてきた問題

――「なぜ何十年経っても核廃絶の訴えが広まらないのだろう」「原爆はアメリカでどうして、どのように正当化されているのだろう」――を解くのに欠かせないものと考えます。

また、こうした「語り」による核兵器理解が教育、道徳、エンターテインメントといった「受け皿」を通して世代を超えて語り継がれていくことを考えると、先ほど引用したウィショグロッドの後半部分、倫理とは「規範とは無縁にある場」という言葉は、アメリカの原爆論説の「語り」を分析(そして解体)するにあたり大きな示唆を与えてくれています。

後の章で見るように、アメリカでは核兵器の保有が社会の規範、すなわち「市民道徳」として解されてきた歴史があります。ですから、そうした規範のあり方や「道徳的に」社会で正しいとされている言説、語りを紐解き、それらに与するのではなく、時にはその整合性や正当性を疑うこと、社会の枠組みそのものを検証すること――これこそが倫理学ができる仕事だと思っています。

アメリカにおける語りと謝罪

そうした私なりの倫理学理解で、なぜアメリカで原爆が絶対悪と思われていないのか、それは単に被害が知られていないだけなのか、核兵器を作り続けてきた国で、原爆、そして核兵器被害はどのように語られ、理解されてきたのかを考えてきました。それらを調べていく傍ら、では、どういう語りならば、アメリカにおいて核兵器が絶対悪と考えられるようになるのか、核兵器の廃絶と放射能障害の根絶に繋げるにはどうすれば良いのか、そこを掘り下げていかなければならないと思うに至りました。

原爆投下後三四半世紀が経過し、被ばく証言をどう継承していくかという問題は、益々逼迫したものになってきています。広島市や長崎市をはじめとする自治体、市井の反核団体や、関心のある個々人が被ばく者の方の聞き取り調査や、証言の保管に時間、資金、人材を割いて、体験の継承に力を傾けてくださっていることには頭が下がります。被ばく者の方の「核兵器は絶対悪」、「アメリカは謝罪すべき」という言説には、体験に基づいた力強さがあり、聞き手の胸を打つ、核廃絶に向けての大切な語りです。

しかし、被ばく者でない私が、アメリカの大学生に講義する際、同じ言説を使用しても彼らを納得させることはできません。おそらくそれは、当事者性が薄まるということに加え、原爆について学ぶ機会を比較的多く持ってきた（と思われる）日本の大学生に講義することとの違いもあるでしょう。そこには、先ほど少し触れた核兵器というものに対する理解、そしてそれを支える「語り」の違いがあるのです。

それゆえ私は、被ばく者の方々とは違うアプローチを取る必要があると痛感しています。例えば、私の学生がどういう「語り」で育ってきているのかを理解しないことには、学生と一緒に核兵器の問題に向き合い、被ばく者の言説や語りに耳を傾けるためのスタートラインに立つことさえも難しいと感じることが多々あったからです。

謝罪の問題もそうです。アメリカに対して謝罪を求める努力は、続けていくべきだと思いますが、その一方、現時点でアメリカは、日本への原爆投下を正当化し、ひいては現在核兵器を保有することが必ずしも悪だと思っていない人が半数以上を占めています。そんな国に対しての謝罪要求とは、どんな形を取るべきで、どんな意味を持つのだろうという思いを、先ほど触れた学生たちの議論を踏まえ、抱えつつ、日々教壇に立っています。

この手探りの「語り」を模索する旅は、アメリカの学生と市民の「語り」と、日本における「語り」との齟齬を想定し、それを乗り越えることを目指しています。

核論説において「自己」と「他者」の理解を少しでも進めるためには、「意見交換」や「文化交流」はもちろん大事です。しかし、それだけでは埋められない溝があること、そして、その溝を作っている歴史的な基盤や条件があることに注意を払う必要があるのではないかと思います。ここに目を向けないと、いつまで立っても「なぜ何十年経っても核廃絶の訴えが広まらないのだろう」という問題で足踏みすることが避けられないのでは、と危惧します。

例えばアメリカがどのような核兵器(さらには原子力、放射能)の意識を持ち、それがどのような「語り」で、人々の共感を得て、現在の核保有国としての体制を維持してきたのか、その基盤を文化や歴史から読み解いていくことで、この溝を超える見識が得られないか、それが本書の目的とするところです。

もちろん、この「他者」理解は日本における「語り」についても新たな示唆を与えてくれるものでしょう。[17] 本書で試みようとするのは、そういった「私たちから見て、なぜアメリカの人々にとって原爆が悪でないのか」の系譜学的な問いへの答えとなることを意図しています。

年月を重ねて、被爆者の方々が少なくなっていく今、これ以上誰も放射能障害で傷ついて欲しくない、という私個人の願いから、核廃絶、放射能障害根絶に向けて、もっと戦略的にアメリカのみならず、全ての核保有国とそれを支える国に響く語りとはどういったものか（それは一様ではないでしょう）、この本で一緒に考えることができれば、という思いを込めています。

この本の流れ

二〇一七年の核兵器廃絶国際キャンペーン（ＩＣＡＮ）のノーベル平和賞受賞に続き、国連の核兵器禁止条約など、昨今、核兵器廃絶に向けて明るい流れがあることは喜ばしいことです。アメリカでも、カリフォルニア州やロサンゼルス市、メリーランド州バルティモア市が、国連の核兵器禁止条約を支持する、との議会決定をしました[18]。

しかしながら、実際、ノーベル平和賞や国連が日本ほど重視されていないアメリカでは、余程詳しい人でない限りＩＣＡＮが何をやっている団体か知りませんし、そもそもノーベル平和賞自体、日本ほど大きなニュースにもならず人々の耳目を集めません。また、トランプ政権が露骨に示したように、国連を脱退しても構わない、アメリカは国連にお金を使いすぎている、といった国連軽視の意見も少なくありません。

核廃絶を目指す際、核兵器保有国の中でも、実際に戦闘で使用し、なおかつ、核開発を続けてきた核大国アメリカの大まかな動きや歴史的背景を知ることは、効果的な核兵器廃絶・放射能障害の根絶のメッセージや語りを作っていく大きな助けになるのではないかと思います。[19]

核大国として一〇三二回という最多の核実験を行ってきたアメリカに関して、朝日新聞の田井中雅人記者は「アメリカは被ばく大国でもある」という鋭い洞察を行っています。[20] こうした核実験(と、その全貌)が日本でもアメリカでも知られていないこと、そして知られないような語りの仕組みがあることを見ていくなかで、最終的には核廃絶・放射能障害根絶につながるような倫理、そして語りのあり方を示すために、構成は以下のようにしました。

第一章は、私自身の経験から感じた日米間の核の理解における齟齬を、「語り」の重要さとともに見ていきます。こうした齟齬を理解するために、アメリカで核兵器、そして放射能がどのように理解され人口に膾炙していったのかを、教育現場を中心に「語り」の重要性を紐解きながら見ていきます。第二章では、その重要性を確認した「語り」が再生産されるのは、教育現場だけではなく、むしろ、ポピュラー・カルチャーからの影響の方が大きいことを鑑み、エンターテインメント産業における消費されるもの、あるいは商品に見られる「語り」を読み解いていきます。第三章は、教育とも関係してきますが、「記憶の受け皿」としての軍隊を見ていきます。特に「軍隊」は日本の我々が考えるよりもはるかに身近で大きな存在であり、そこで作用する「我々を守ってくれるもの」というレトリックと、その社会的機能——人種・民族などの多様性を統合し、福祉の一端を担っている——を考察します。第四章は、第二次世界大戦後に核に関する語りが形成されていくプロセスとして、アイゼンハワー大統領の反共としての宗教政策が核政策に組み込まれ、市民「道徳」として核兵器を支持していく過程を追います。第五章では、ジェンダーに焦点をあて、前章で見た種々の政策を通じて、核の語りが新しい「家族」像を喚起し、そこに利用される女性像を見ていきます。古いジェンダー・ロールが新しい「市民防衛」の政策のもとで再生産され、市民「道徳」となっていく過程を辿ります。そうした環境下で「原爆乙女」と呼ばれた女性たちが、どのように日米両国で政治的に利用されてしまったのかを明らかにします。第六章では放射能の人体実験をはじめ、今に至る、アメリカにおける様々な放射能被害、そしてそれがどのように語られていったのかを確認します。それを引き継ぎ、最終章では、被ばくの被害は、科学者以外にもマンハッタン計画以前より知られていたこと、しかし、その語りは放射能被害を無くす方向に向かなかったことなどを見ていきます。その結果、冷戦後、閉鎖、あるいは規模を縮小した核施設のテーマ・パーク化が進行し、ますます被ばくの実害が言い出せないというアメリカの現状も示します。そしてその状況を乗り越えて、原爆・被ばくの被害について語りうるための可能性や条件について、展望を示すことで結論に代えたいと思います。

核廃絶や放射能障害は一地域や一国だけの問題ではないこと、それゆえ、既成の地域や国のアイデンティティーを超えた連帯を目指すためには、どのように今までの「語り」を解体し、新しい「語り」を生み出していけば良いのかを考察し、これからの世代が私と同じ問い「なぜ何十年経っても核廃絶の訴えが広まらないのだろう」に取り組まなくても良い世界を目指せれば、と願います。

最後に、被ばくの記述に関しては、通常は原爆、水爆などの核兵器の爆発による「ヒバク」を指すときには「被爆」、爆発を含まないウラン鉱山や核のゴミによる、あるいは人体実験などによる「ヒバク」を指すときは「被曝」と使い分けられていますが、この本では、一律に「被ばく」と表記します。なぜなら「被曝」においても、放射能に曝される「被曝」が伴っていることを忘れてはいけないと思うからです。

［注］

（1）Saburō Ienaga, ***The Pacific War: 1931-1945*** (New York: Pantheon Books, 1978): 188-190(原書：家永三郎『太平洋戦争』岩波書店、一九六八年).

（2）Bruce Stokes, "70 years after Hiroshima, opinions have shifted on use of atomic bomb" 4 August 2015 (http://www.pewresearch.org/fact-tank/2015/08/04/70-years-after-hiroshima-opinions-have-shifted-on-use-of-atomic-bomb/)、およびPew Research Center, "Americans, Japanese: Mutual Respect 70 Years After the End of WWII" 7 April 2015 (http://www.pewglobal.org/2015/04/07/americans-japanese-mutual-respect-70-years-after-the-end-of-wwii/).

（3）Dennis Kucinich, "We Didn't Have to Drop the Bomb" ***Real Clear Politics***, 8 August 2015 (https://www.realclearpolitics.com/articles/2015/08/08/we_didnt_have_to_drop_the_bomb_127709.html).

（4）Errol Morris, ***The Fog of War*** (2003).「戦時の霧」、つまり戦争におけるグレー部分を指しています。

（5）Morris, ***The Fog of War***.

（6）"Remarks By President Barack Obama In Prague As Delivered" 5 April 2009. ホワイトハウスのウェブサイト(https://obamawhitehouse.archives.gov/the-press-office/remarks-president-bar

ack-obama-prague-delivered)より。

(7) 注(6)に同じ。

(8) CNN Opinion Research Poll, conducted on 9-11 April 2010 (http://i2.cdn.turner.com/cnn/2010/images/04/12/rel7b.pdf).

(9) 同時期に発表されたChim↑Pomの作品は酷評されました。詳細はChim↑Pom・阿部謙一編『なぜ広島の空をピカッとさせてはいけないのか』(河出書房新社、二〇〇九年)。

(10) 今は図書館になっているこの場所に、当時コードネーム、Metallurgical Laboratory、通称Met Labと呼ばれた実験室があり、ここで最初の核連鎖反応の実験が成功したのでした。

(11) Claire Voon, "Cai Guo-Qiang's Pyrotechnic Mushroom Cloud Commemorates the First Nuclear Reaction" *Hyperallergic*, 5 December 2017 (https://hyperallergic.com/414946/cai-guo-qiangs-pyrotechnic-mushroom-cloud-commemorates-the-first-nuclear-reaction/). この場で、ノーマ・フィールドシカゴ大学名誉教授の講義を受けた学生が、仲間とダイ・インを計画したことは感動的でした。

(12) ビデオは、"1942: UChicago's race to the first nuclear reaction" (一九四二年:シカゴ大学による初の核連鎖反応に至るレース)(https://nuclearreactions.uchicago.edu).

(13) Enrico Fermi: Pope of Physics, エンリコ・フェルミ:物理会のローマ法王。シンポジウムの要旨は、https://physics.uchicago.edu/enrico-fermi-pope-of-physics-abstract を参照。

(14) Annette Cary, "Richland High's mushroom cloud logo surprised a Japanese student. She finally spoke up" *Tri-City Herald*, 5 June 2019.

(15) Edith Wyschogrod, *Saints and Postmodernism: Revisioning Moral Philosophy* (Chicago: University of Chicago Press, 1990): xv.

(16) 彼はのちにＧＩビルで大学に進学し、歴史学の教授になっています。Paul Fussell, *Thank God for the Atom Bomb and Other Essays* (NY: Summit Books, Simon & Schuster, 1988).

(17) 同じ日本であっても、被ばく体験の継承と放射能障害を語る時、世代と地域文化の違いのため、必ずしも齟齬がない、とは言えないと思っています。

(18) Denise Duffield, "California votes to support U.N. Nuclear Weapon Ban Treaty, restrict Presidential authority for nuclear strike" *Physicians For Social Responsibility*, 28 August 2018 (https://www.psr.org/blog/2018/08/28/california-votes-to-support-u-n-nuclear-weapon-ban-treaty-restrict-presidential-authority-for-nuclear-strike/).

(19) 各国の核実験回数については、"World Overview" Comprehensive Nuclear-Test-Ban Treaty Organization (https://www.ctbto.org/nuclear-testing/history-of-nuclear-testing/world-overview/) を参照。

(20) 田井中雅人『核に縛られる日本』(ＫＡＤＯＫＡＷＡ、二〇一七年) 六頁。

第一章　アメリカのキノコ雲

戦争の語り――日本とアメリカ

戦争の物語というものは、小説や詩、映画、ルポルタージュ等、様々な形で存在しています。そして、その物語のあり方は国によって違いがあるようです。一般市民が「戦争中」に標的になったことのないアメリカでは、国土が戦場となったヨーロッパや日本、そしてアジアの国々とは、違った物語のパターンで戦争被害が語られます。

一番大きな違いは、国家間の戦争により子どもが被害を受ける話が、アメリカにはないことです。二〇一五年に、広島原爆のニックネームと同じ名前の映画『リトル・ボーイ』という映画が公開されました(1)。映画の主人公は子どもなのですが、彼が戦争から受ける犠牲は、直接的な肉体的な苦痛ではなく、父親の不在という精神的苦痛で描かれます。大まかなあらすじとしては、父親が第二次世界大戦中のアジアに従軍しており、「お父さんを無事に帰国させてください」と、願う少年の祈りに応えるように画面に閃光が走り、それが原爆の閃光と重なります。そして、無事に父親は帰還する、というものです。題名の『リトル・ボーイ』はこの主人公と原爆を指しており、「原爆(リトル・ボーイ)があったから、アメリカ兵士は帰還できた」という、アメリカの多くの人が持つ原爆理解を補強するものになっています。

戦勝国とはいえ、第二次世界大戦の戦場となったフランスでは、『禁じられた遊び』といった無垢な子どもが犠牲となる映画がありましたし[2]、日本ですと物語作品として『火垂るの墓』、『ふたりのイーダ』や『はだしのゲン』など、子ども自身が直接戦争の犠牲になる話がたくさんあります。

また、原爆被害は定義上の「被ばく者」だけの犠牲にとどまりません。『ぼく生きたかった』という作品は、被ばく二世の名越史樹くんという男の子が四歳で白血病に罹患し、七歳で亡くなってしまう実話ですが、小学校で夏休みの推薦図書として読んだ私は衝撃を受けました。それは、自分と同じ被ばく二世の話だということ、そして原爆は、投下された瞬間に人々を殺すだけでなく、その場にいない人たちをも殺してしまう、という恐ろしさによるものでした。

広島で「原爆スラム」と呼ばれた一帯の再開発が議論となり、高層ビルに建て変わるのが一九六〇年代後半から七〇年代ですが[3]、その後も被ばくの爪痕は、夏でも決して半袖を着ない近所のおばさんや、鼻血を出すと異常に心配する友達の両親などに体現されていました。

このように、戦争の舞台となった当事者の国と、戦争に参加してはいるけれど国土が(厳密な意味で)戦場となることが無かったアメリカとでは、戦争の物語をどのように紡ぐか、その形は大きく異なるでしょう。そしてそれは、原爆という題材を切り口にしても同様なのです。

一方は原爆を投下した国、他方は原爆を投下された国。両者では同じ「原爆投下」という歴史的事実を見ていても、その解釈が大きく違っているのです。日本では私たちがよく知るように、広島・長崎に投下された原爆は、多くの人々の命を一瞬で奪い、生き残った人々をも後遺症で苦しめ、殺める。それにとどまらず、生き残った人々の子どもたちにも、放射能障害の可能性で、その生命を脅かす。そういった描かれ方をしてきましたし、私自身もそのように理解してきました。

他方アメリカでは、原爆はどのような「語り」を通じて、人々に理解されてきたのでしょうか。本書では、そのことを詳しく見ていきたいと思います。具体的な物語の例など、エンターテインメント業界の話は主に次章に譲るとして、ここでは広く教育で共有されている物語と、被ばく講話がどう受け取られているかに着目します。

アメリカの教育の中の原爆と核兵器

私が所属する大学は、イリノイ州シカゴの交通の便の良い場所にあり、カトリック大学とはいえ、カトリック教徒として登録している学生は全学生の半数以下です。そこで日々学生たちと倫理学、原爆、核兵器、それに伴う放射能被害についての授業や雑談を通して対話をしています。その経験から、学生たちの核兵器、放射能障害に関する理解が、日本の学生たちとは違う、少なくとも私が学生だった時とは違う、と感じることがしばしばあります。

アメリカの大学進学率は約七四%ですが(4)、一般的に大学で原爆の被害について詳しく学ぶことはあまりなく、原爆に特化した教育もほとんどありません。原爆について学ぶ機会があるとすれば、投下した側の歴史としてのアメリカ史、あるいは投下された日本史(あるいはアジア史の一部として)の講義に限られるでしょう。

とはいえ、アメリカ史の場合、第二次世界大戦の内容はヨーロッパ戦線が主であり、アジアでの戦況に割かれる分量はもともと少なく、さらに原爆について投下された側の視点に触れることはほとんどないと思います。また、日本・アジア史の場合は、そもそも学ぶ学生数がアメリカ史を取る学生よりずっと少ない上、日本・アジア史だからといって、原爆にのみ多くの時間を割くこともできません。

歴史以外の分野を見てみると、政治学、国際関係学では、核兵器を軍備・外交の面から学ぶことはあっても、その被害を詳しく学ぶことは稀です。むしろ、冷戦時代の水爆を含めた核兵器の威力、保持、安全保障問題が中心になることが多いようです。例外はあるにしろ、往々にして核兵器そのものの可否や倫理性を問うことよりも、核兵器は他国家に対する一国家の「自衛の武器である」といった言説を中心に論旨が展開する方向に傾くことは否めません。

また、戦争・紛争を忌避し、人々の平和と安全の価値を大事にして追い求める分野である「平和学」も、パワーバランスに基づく「安全保障学」に近いものになったり、パックス・アメリカーナ前提となっているものが多いのも事実です。

もちろん、反戦・反核を軸にした平和学をやっている大学もあります。例えば、一九四八年にアメリカで最初に「平和学」が設立された、インディアナ州にあるマンチェスター大学(5)は、学生数一六〇〇人の小さな大学で、その母体は非暴力で知られるキリスト教の一派、ブレザレン(アナバプティスト派に属するブレザレン教会)です。非暴力を旨とする派ゆえに、戦争・原爆投下にも否定的ですが、残念ながらアメリカ全土で見るとかなりの少数派となります。(6)

もちろん、その他にも「平和学」を設けている大学もありますし、インディアナ州にあるノートルダム大学のように平和研究所で核廃絶セミナーを設けているところもあります(ただ、放射能被害に言及しない核廃絶という点が気になるところです)。また、平和学という名称でなくとも、平和や安全に関する授業を設けている大学も存在します。例えば、私が勤めるデュポール大学にも、「平和・正義・紛争問題学」という専攻科目があります。(7) ただ、ここでは人権、移民の問題、人種差別と環境破壊の関係、宗教による紛争などが主な論点であり、「核兵器」という単語はなかなか出てこず、核兵器が平和と関連して講義や議論の俎上に載せられることはあまりありません。これは、核兵器の所有や使用が人権の問題であり、人種の問題であり、そして環境の問題でもある、という意識が薄いことの現れ、と言えるかと思います。

一般的に言って、一九四五年以降もずっと何かしらの戦争に関係してきたアメリカでは、反戦・反核に関して、戦争の大義名分として「国を守る(アメリカ人の自由を守る)ための正義」と銘打たねばならず、その戦争に反対することは、むしろ「愛国心の欠如」と捉えられることが多々あります。イラク戦争やアフガニスタン侵攻の際にも反戦運動はありましたが、一方で大統領の支持率がうなぎのぼりに上がったことも記憶に新しいところです。唯一と言っていい大規模な反戦運動として挙げられるのが、ベトナム戦争時の反対運動ですが、これも、戦争の大義そのものへの批判もありましたが、大きく盛り上がった理由の一つは、徴兵制により市井の人々——いわゆる白人の中産階級——の犠牲が大きくなったことも主な要因なのです。核兵器に反対することは、国策に反対することなので、個々の教員が色々な場所で奮闘していても、なかなか主流にはなりにくい現状があります。

高校教育までの原爆の知識や理解においても、日本のように全国的に指定される教科書もなく、教室における教員の裁量が日本よりも大きいため、原爆について数週間から数ヶ月(あるいは一年)[8]かけてリサーチをさせたり、ディベートをさせたりする教員もいれば、キノコ雲だけを見て「原爆は戦争終結を早め、多くの命を救った」とする、アメリカの「神話」を伝えるのみで終わらせる授業もあります。

このように、一般的なアメリカの原爆観を語るのは難しいのですが、まずはアメリカの世論調査などから見えてくる大まかな原爆観を確認し、個々の事例として私の経験を共有したいと思います。

まず二〇一六年八月六日の「広島忌——今、核兵器について知っておくべき五つのこと」という記事から紹介します。[9] この記事はVOXという二〇一四年に立ち上がったばかりながら、ワシントンポストやニューヨークタイムスなどの主流メディアで働いていたジャーナリストが在籍することで知られるデジタル・メディアに掲載されたものです。

この記事の中では「核実験に対する嫌悪が強まっている」という指摘がなされている一方で、「残念ながら核に対する忌避感は弱まっている」ということが挙げられています。この記事によると、二〇一七年時点で、六〇％のアメリカ人が「二万人のアメリカ兵士を救うためなら、二〇〇〇万の一般市民を死に追いやる核攻撃も止むなし」としていることが紹介されています。しかしこのＶＯＸの記事は、忌憚なく言ってしまえば、二万のアメリカ人の命は二〇〇〇万の他国人の命より重い、つまり千倍重いのだ、と言っているのです。

これは、一九四五年当時「原爆は五〇万人のアメリカ人の命を救った」という広く流布した、そして今でも根強い先ほどの「神話」を彷彿とさせるものです。つまり、原爆が戦争終結を早めたのであり、もし原爆投下が行われず、戦争が終わっていなければ、日本への本土上陸での決戦によりアメリカ側はもちろん日本側も相当数の被害が出ただろう、というものです。

この「神話」は、アメリカの歴史家たちによって幾度となく否定されてきました。例えば、スタンフォードの歴史学名誉教授、バートン・バーンシュタインは、広島・長崎の被害の報告がアメリカ政府に入るたびに、両都市に原爆が投下されたことで救われたアメリカの人員の見積もりが上方修正され、最終的に五〇万人で落ち着いたことを当時の文書から検証しています。[10] 言うなれば、原爆を正当化する「神話」づくりが操作的になされたことがわかっているのです。

にもかかわらず、この一見古い「神話」の言説は、残念ながらミレニアルと呼ばれる二一世紀に成人した世代、あるいはアイ・ジェン（i generation, アイフォン世代）と呼ばれる、さらに若い世代にも一定数流布しています。原因の一つは、中高の教育ではなかなかそうした「学術論文」を読むまでには至らないことが多いことも挙げられますが、当時のトルーマン大統領が一九五五年に出版した回想記で[11]「五〇万人のアメリカ人を救った」と公言していることが、「歴史的事実」

として「神話」の継承に寄与しているのでしょう。

忘れられていく原爆の語り

私が教えてきたのは、こうしたミレニアル世代やアイ・ジェンにあたります。今や三〇代になっているミレニアル世代を教えていた時には、私の「原爆論説」のクラスで、被ばく症状からの回復を願い折り鶴を折ったことで知られる佐々木禎子さんの話を小学校などで読んだ学生が、八割ほどを占めていました。ただし、この「サダコ」の話が原爆の物語であり、彼女の死因が放射能障害だったことを覚えている学生は、その中の一割といったところでしょうか。彼らの中では、サダコの話とは、「戦争で生き残ったのに、十年後に病気で亡くなった可哀想な女の子の話」となっているようなのです。

前述の通り、自国での戦争被害、特に子どもが直接戦争の犠牲になった体験のないアメリカでは、サダコのような少女が被害者となり、しかも最後に亡くなって終わるというのは、かなり珍しい物語のパターンです。それゆえ、学生たちはうまく自分の感情を落とし込めなかったのかもしれません。アメリカの小学校を訪ねてサダコの話を何度か読み聞かせたことのある日本からの友人は、「サダコが亡くなりました、で終わっても、それから？　と聞いてくる子どもや、死んで終わり？　本当に？　と聞いてくる子どもが多かった」と話してくれました。最後に何の救済もなく終わってしまう物語に肩透かしをくらったような表情の生徒も多かった、という証言は、

図 1-1　大量に廃棄されるジョン・ハーシーの『ヒロシマ』. フィッツジェラルド『グレート・ギャツビー』なども見える
Photo by NBC Chicago News

アメリカの子どもたちが、こうしたパターンの語りに慣れていないことの現れかもしれません。

さらに、こうしたミレニアル世代を過ぎてアイ・ジェンともなると、そもそもサダコの話を知らないという学生が九割という感触です。原因は定かではありませんが、二〇〇一年からのブッシュ政権下の点数重視の教育改革、九・一一同時多発テロ事件、教員自身の世代交代などがあるのかもしれません。

このように二〇二〇年のアメリカでは、原爆をめぐる物語は急速に軽視されるようになってきたように感じられます。それを裏付けるように、二〇一九年七月にシカゴ市北部にある公立高校ニコラス・セン校の図書館から、ジョン・ハーシーの著作『ヒロシマ』が、大量に破棄され、大人四、五人が中に立てるくらいの、アメリカの大きなゴミ捨てコンテナ(dumpster)に入れられている写真が地元ニュースで取り上げられ、SNSでも拡散され、物議を醸しました[12]。

ジャーナリストのジョン・ハーシーによる、広島の原爆被害報告と、被ばく者のインタビューで構成されているルポルタージュ、「ヒロシマ」は、一九四六年八月三一日付で発売された『ニューヨーカー』誌に掲載されました。一九四四年にピューリッツァー賞を受賞し、すでにその名を知られていたハーシーのこの記事が掲載された『ニューヨーカー』のこの号は三〇万部が瞬時に売り切れます。原爆開発に携わったアルバート・アインシュタインが、その内一〇〇〇部を購入して科学者の知人に配ったと言われていますが、二週間以内に第二刷が出ると、読者間で奪い合いとなり、通常の一二〇倍の価格で売られたこともあったようです[13]。そしてハーシーのこの記事はその後も、アメリカ国内を問わず他雑誌や新聞などに転載され、書籍にまとめられると、現在にいたるまで読み続けられています。

こうしたハーシーの『ヒロシマ』が大量に破棄され、ぞんざいに扱われた背景について、図書館側は次のように弁明しています。現在、『ヒロシマ』はオンラインで全部読めること、また予算削減によるスタッフ不足や本の保管場所の確保の難しさを考えると、『ヒロシマ』のような「時代遅れ」(outdated)の本を破棄することは理に適っている、と。

しかし、問題になった写真を見てみると、保存状態も悪くなく、他の施設に寄付するなり手立てはあったはずです。「時代遅れ」の本の中で、他でもない『ヒロシマ』を大量にゴミ箱に破棄するという図書館の判断には、やはり原爆というものが軽くあしらわれている、と思わずにはいられません。安易な比較は避けなければなりませんが、例えばアウシュヴィッツやユダヤ人虐殺の話である『夜と霧』や『アンネの日記』といった本が、大量にゴミ箱に捨てられるとは思えないからです。

アメリカの歴史家マイケル・ヤヴェンディッティが八〇年代に出した論文によると、アメリカの高校生は当時、全員と言っていいほど『ヒロシマ』を読んでいたそうです。それは、課題図書に近い扱いだったのでしょう。それに対して、今のアメリカの高校生がオンラインで読めるはずの『ヒロシマ』を読んでいるとは思えません。

こうした原爆という出来事や物語の軽視は、言葉の使い方にも表れているように思います。二〇一九年八月には、アメリカのテレビドラマ「ディス・イズ・アス」(二〇一六)で、「ナガサキする」という言葉が以下の文で用いられたことが、日本で話題になりました。

君の人生とキャリアをナガサキせざるを得ない(I'll be forced to Nagasaki your life and career)。

ドラマはまさしくミレニアル世代の話ですが、この「ナガサキ」は、相手を威嚇するため「潰してやる、破壊してやる」といった意味で使われたようで、この番組の造語です[14]。なぜヒロシマでなくナガサキだったのかは、定かではありません。「単にヒロシマよりも、この文の中では言いやすいからではないか」という同僚の意見もありました。学生を含めた私の周りの数人に、この言葉の使い方に関して尋ねたところ、「(ナガサキを動詞として)使ったことも、使われるのを聞いたこともないけれど、「完膚なきまでに痛めつける」とか「完全に凌駕する」という意味であることは想像できる」とのことでした。

私の周囲には、広島・長崎という二都市への原爆投下を知っているがゆえに、この「ナガサキする」という語について、なんとなく意味がわかる、という学生が多数派ではあるものの、全ての大学生がそうというわけではないようです。私が隔年で行っている二〇一八年の広島・長崎の研修旅行の際、参加した学生一六名の中に、この旅行前の集中講座の授業を取るまで「長崎」が原爆を落とされた都市の一つだとは知らなかった、という学生が二名いました。かといって、二人とも決して不真面目ということはなく、熱心な学生なのです。

普段、こうした使い方はされないけれど、テレビ業界が舞台ということもあるのか、新奇で大げさな言葉遣いとしてナガサキが使われたのでしょう。しかし、これがアメリカで騒ぎになることもなく、この番組はその後も好調が続き（件のエピソードは第一シーズンの第二話でした）、この報道がなされた二〇一九年時点で第四シーズンの放送が決まっています。これは、原爆や（特に他国の）核兵器というものには興味を示しつつも、原爆の実際の結果、ひいては核兵器開発がもたらす被害に関する軽視・無関心さの現れと言えます。

これらの事例が示すのは、対北朝鮮やイラン、さらにはインド・パキスタン間の緊張状態から核兵器に対する恐怖は煽られているものの、その実態としての原爆被害の語りが急速に忘れられている、あるいは、現在の核兵器論説において、広島・長崎の実際の被害は「重要でない」扱いになっている、ということです。

困難の克服を目指すという物語のパターン

原爆をめぐる物語が、私たちが思うよりもずっと早く忘れ去られ、軽視されているのが、アメリカにおける現状です。アメリカの多くの学生、そして一般の人々にとって、原爆が象徴するもの――ヒロシマ、ナガサキ、キノコ雲――は、残念ながら、今の核兵器の問題とは無関係であるか、「神話」の継承としての語りの中でしか理解されていない傾向があります。非人道的・絶対悪という文脈で取りざたされていない、と言ってよいかもしれません。

異なる語りのために、キノコ雲という象徴の表す意味が日米で異なっているということは、表象を表象たらしめる「語り」のパターン、つまり表象の内包するメッセージ――ハンフォードであれば、キノコ雲という原爆の象徴は、多くの命を救ったもの、日本であれば、原爆、核兵器は非人道的で絶対悪であるもの――が違っているということです。また、先ほど「サダコ」の話の捉え方で見たように、語りのパターンにより、受け取り方（表象の解釈の仕方）が異なってしまう、ということと表裏一体です。

こうした齟齬は、被ばく証言の理解にも及んでいます。原爆の悲惨な実情を被ばく者の方が話されるとき、「こんな悲惨なことになるのです」という語りは、日本では「だから、原爆は二度と使われてはならない」という受け止め方になることが普通です。しかしアメリカでは必ずしもそうではなく、「こうした被害を受ける側にならないよう、自衛のために原爆を保持しておかなくては」という受け止め方になることも、十二分にありえます。

これまで私は、被ばく者の方と中西部を中心に二〇校以上の大学へ講演に出かけたり、広島市、長崎市の委託を受け日本から来ていただいた被ばく者の方に、私の勤務校であるデュポール大学で、または近隣の高校、大学で、あるいはコミュニティー・センターなどで、証言をしていただく機会のお手伝いをしてきました。

こうした場で被ばく者から直接、被ばく証言を聞いたアメリカの高校生・大学生が、被ばくして大変な目にあったという経験の語りを聞いて、その悲惨さを実感し、反核・反戦への思いが芽生える……。こういった、日本の人々が経験してきたような（あるいは期待されてきたような）反応は、実は、私が願っているほど多くはありません。そうではなく、多くの反応は「生き延びて、その悲惨な話を我々と共有してくれるとは、なんとあなたは強い人なのでしょう！　尊敬します！」といったものなのです。

このような感想を聞くたびに、主催者側にいることが多い私は、学生の感動に嘘はないだけに、感動のポイントは「そこじゃないでしょう？」という、フラストレーションを感じずにはいられません。そして、この私たちの意図や期待とは違う受け止め方は、彼らのせいでも、もちろん被ばく者の方のせいでもありません。むしろ、彼らがそれまで慣れ親しんできた物語のパターン、特に戦争体験の語りの型が根本的に違う、というところに根ざしていると思われます。

先ほどの「サダコ」のエピソードもそうですが、真珠湾や世界貿易センタービルなどで、敵国・敵対グループから一過的な攻撃を受けたことはあっても、自国が長期にわたって戦場になったことがないアメリカでは子どもが戦争の犠牲になる話に実感を伴わず、多くの被ばく者の証言がその子ども時代の体験であることが、物語のパターンとして落とし込みにくくする理由の一つかもしれません。

京都では「先の戦争」というと、街が焼けた「応仁の乱」のことだ、という笑い話がありますが、似たような話がアメリカにもあります。南部出身の友人によると、彼の祖母にとって「先の戦争」とは、「南北戦争」のことなのだそうです。これは半分冗談でもありますが、ある意味アメリカの戦争体験に関する本質を突いているかもしれません。つまり、アメリカにとって、市井の人間の暮らす場所が戦場となり、被害を受けた「戦争」とは南北戦争のことであり、それ以降の戦争被害の体験の語りは、兵士の身体的あるいはＰＴＳＤ（心的外傷）に収斂され、それ以外の物語が存在しない、ということなのです。

たしかに昨今では、戦闘に従事した兵士たちのＰＴＳＤが広く認知され、その対処法も多様化してきています。しかし、これが根本的な解決法として戦争を無くすことを目指す方向にはなかなかいきません。むしろ実践面では、できるだけ兵士の心理的負担を減らすためコンピューターやドローンによる遠隔攻撃という形に変わったり、ＰＴＳＤを克服するための自助グループを促進し、精神的苦痛を乗り越える物語を目指すのです。もちろん、そう簡単に克服できないことは、多くのドキュメンタリーや研究で、明らかにされてきてはいるのですが、ＰＴＳＤをもってしても反戦や反核のメッセージに、なかなか直結しないことを考えると、アメリカにおける「困難を乗り越える」語りのパターンの吸引力の強さも一因ではないかと思われます(15)。

そのように、被ばくの講話を聞くアメリカの聞き手にとって、被ばくの物語の中に「困難に打ち勝つ」パターンを探してしまうこと、あるいはそのパターンとして心に落とし込んでいることは、私などは未だにギョッとするものの、必然であるのかもしれません。「あなたは困難を乗り越えてここにいる。尊敬に値する強い人だ！」と。

こうした語りのパターンが、反戦・反核といった考え、あるいは逆に無関心に深く影響していると考えてみましょう。原爆の被害と現在の核問題とは無関係と思ってしまうこと、キノコ雲の校章を誇りに思うこと、被ばく証言を聞いても被ばく者の方の「強さ」に感心してしまうこと……。こうした、アメリカの人々の受け取り方を覆そうと思うならば、語りの分析が欠かせないのではないかと思います。

慣れ親しんだ語りのパターンは、新しい情報を消化するのに影響を与えるものです。従来の「困難を克服する」パターンに引きずられてしまうと、放射能被害も含めた核被害は「克服できるもの」程度に捉えられかねません。そうではなく、語りの分析を通じ、これからの反核・反戦の「語り」をどう作るかが大事なことなのです。

アメリカで教えてきて、せっかく被ばく者の方が来てくださっていても、被ばく証言の場を作るだけでは、被ばく者の方の伝えたいメッセージである核廃絶には必ずしも結びつかないことを、申し訳なさとともに痛感してきました。その理由が、広い意味で表象の違いにあることはここまでの説明のとおりです。そうした語りのパターンは、核兵器や核開発を通じ、構築され拡散されてきました。そのことをもう少し掘り下げるために、原爆投下という歴史的事実のみならず、核兵器と核開発というものがアメリカにおいて、どのような位置を占め、どのように語られてきたかを次章以降検討していきたいと思います。

［注］

（1）Alejandro Monteverde, ***Little Boy***, 2015.

（2）René Clément, ***Jeux interdits***, 1952.

（3）仙波希望「「平和都市」の「原爆スラム」――戦後広島復興期における相生通りの生成と消滅に着目して」『日本都市社会学年報』vol. 34（2016）: 124-142.

（4）二〇一〇年統計に基づく文部科学省資料より（https://www.mext.go.jp/component/b_menu/shingi/giji/__icsFiles/afieldfile/2013/04/17/1333454_11.pdf）。

（5）当時 Manchester College、後に University。

（6）二〇一四年のアメリカの総人口は約三億一八〇〇万（アメリカ政府人口統計：https://www.census.gov/data/tables/time-series/demo/popest/2010s-national-total.html#par_textimage_2011805803）で、教会報によるとブレザレン派は一一万四〇〇〇人となっています（http://www.brethren.org/news/2016/yearbook-reports-denominational-membership.html）。

（7）Peace, Justice, Conflict Studies.

（8）二〇一七年、シカゴ市内のポラリス特別認可校では、日本の中学に当たる学年で、一年間原爆と核兵器の授業がありましたが、教員が州外に移転したため、この授業は無くなってしまいました。

（9）Michael Krepon, "The Hiroshima anniversary: 5 things you should know about nuclear weapons today" 6 August 2018（https://www.vox.com/the-big-idea/2018/8/6/17655256/hiroshi

ma-anniversary-73-nuclear-weapons-proliferation-arms-control).

(10) Barton Bernstein, "A Postwar Myth: 500,000 U.S. Lives Saved" in *Hiroshima's Shadow*, eds. by Kai Bird and Lawrence Lifschultz (Stony Creek; CT: The Pamphleteer's Press, 1998): 130-134.

(11) Harry S. Truman, *Memoirs: Year of Decisions* (New York: Doubleday, 1955).

(12) Catherine Henderson, "Should school libraries toss old books? Viral photo of a Chicago dumpster prompts heated debate on social media" *Chalkbeat*, 3 July 2019 (https://www.chalkbeat.org/posts/chicago/2019/07/03/should-schools-toss-old-books-viral-photo-outside-chicago-high-school-prompts-heated-debate-on-social-media/?fbclid=IwAR0c4_HgzJjm9lHCDx0VQjupZkFXq5GsJfF7vyjH-mcAz64q5483NygQRmk); Hannah Boufford, "Neighbors Angry After High School Dumped Dozens of Classic Books, But CPS Says They Were Outdated" *Block Club*, 8 July 2019 (https://blockclubchicago.org/2019/07/08/edgewater-neighbors-worried-high-school-trashed-dozens-of-classic-books-but-cps-says-books-were-outdated/).

(13) "How John Hersey's Hiroshima revealed the horror of the bomb" *BBC Magazine*, 22 August 2016 (https://www.bbc.com/news/magazine-37131894).

(14) この場面の後、別の有名人の名をあげ、「彼を知っているか?　彼も私がナガサキした(I Nagasaki'd him)」とも使われています。

(15) ＰＴＳＤの概念を広めたのは広島で被ばく者の心理を研究をしたロバート・リフトン(著書『ヒロシマを生き抜く』*Death in Life: Survivors of Hiroshima* (New York: Random House, 1967)でも知られています)であることを、ラン・ツヴァイゲンバーグは著書 *Hiroshima: The Origins of Global Memory Culture* (Cambridge; MA: Cambridge University Press, 2014)で検証しています。

第二章　原子力の様々な表象

前章では、原爆や核兵器の語りのパターンをアメリカの教育現場の観点から見てきました。そこで検証してきたたように、教育という場は、人々の意識を形成するうえで重要な役割を果たします。他方、それだけが人々のものの見方に影響するわけではないことは自明でしょう。

語りとは、テレビやラジオ、小説、映画、歌、コミック、あるいは商品の宣伝に至るまで、多様な表象空間において存在するものです。そして、核兵器・放射能がアメリカという国で特異な表れとなった背景には、核兵器と放射能のもつ「特性」が、独特のかたちで描かれ、「商品」あるいは「消費」の対象として人口に膾炙したことが大きな要因といえるのです。それゆえこの章では、アメリカにおいて原爆・核兵器・放射能が商品としてどのように表象され、流通してきたかを見ていきましょう。

強力なアトム・無垢なアトム・手なずけられるアトム

核兵器が「力」の象徴となってきたことは、現在の国際関係を見ても明らかです。核兵器を持

図 2-1 『ナショナル・ジオグラフィック』誌の原子力特集号(1958 年)

つ国は、国連の安全保障理事会の（選挙はなく持ち回りでもない）常任理事国として君臨し、北朝鮮は、核開発・核実験を匂わせることで援助を引き出し、インド、パキスタンはカシミール地方の覇権争いに核兵器を利用してきました。様々な兵器が存在する中で、「核兵器を所有している」ということは、それだけで象徴的に「力」、あるいは対抗する国から見て「脅威」を示すことになり、アメリカから見て他の核兵器保有国は「手なずける」あるいは「なんとかコントロールするべき」対象となっていると言えます。

これは、後に見るように原子「力」が軍事・外交・科学面で破壊と創造をもたらす力として表象されてきた一方で、単に破壊の力のみでなく、「偉大だが手なずけられる力」として表象・流通してきた象徴の両義性と呼応するものでしょう。

例えば、一九五八年の『ナショナル・ジオグラフィック』誌には、原発の力が様々に利用されている近未来の様子を「あなたとあなたに従う原子力」と題して取り上げています。一八八八年創刊で四〇近くの言語で出版されている『ナショナル・ジオグラフィック』のような月刊誌という強力な媒体を通して、「核は制御可能」といった考えは、さらに広まっていきます。

この章では、主としてポピュラー・カルチャーの領域におけるこうした言説を、その創世期とも言える一九五〇年代を中心に見ていきます。

一九五〇年代というのは、四〇年代後半から始まっていたアメリカにおける核言説が様々な形で一般に「流通」し、後世の核認識に決定的な影響を与えた時期でした(1)。後の章でもう一度取り上げますが、一九五三年に当時の大統領、ドワイト・アイゼンハワーが国連で行った「核の平和利用」スピーチもこの文脈で見る必要があるでしょう。このスピーチが核の両義性――「破壊」を担う国力としての核兵器と、「手なずけられた力」としての「平和」的な原子力と――といった概念を定着させよう、とする狙いをもったものでした。

実は、この「核の平和利用」演説の中で、アイゼンハワーは何度も核兵器の威力に言及するのですが、その根拠は広島・長崎ではありません。日本への原爆投下に先立つこと約三週間の、一九四五年七月一六日に行われたアメリカ国内のアラモゴードでの、最初の核実験なのです。実際に投下され、具体的に被害を受けた広島・長崎に言及することなく、核兵器の破壊力を強調する一方で、「核の平和利用」演説の中で、アイゼンハワーはアメリカがいかに恒久平和を望んでいるか、そのための努力を惜しまないかを力説します。

核兵器の性質と意義を強調するにあたって、その両義性は「善・悪」の二分割であってはならず、「人類のために必要」というメッセージを付与するものでなければなりませんでした。このため、わかりやすく単純化されたジェンダーのイメージが使われることも多々ありました。つまり、力(破壊)は男性原理的な言説の中で、平和(扱いを間違わなければ)は女性原理的な言説としてです。ここで強調しておきたいのは、この両義性は「原子力そのものは中立・無垢なもので、力・平和の意味づけをするのは人間だ」という前提の上に成り立っていることです。

こうした概念を広く定着させるために、マスメディアが駆使されました。まず核言説に重要な意味を持つメディアの一つとして、「核の平和利用」スピーチと同じ年、GE(ゼネラル・エレクトリック)が制作したアニメーション「AはアトムのA」を見てみましょう。

GEがスポンサーを務めたこの作品は、原子力が核兵器という破壊力となり、それと同時にエネルギー源ともなり豊かな社会のために使える、といったメッセージを広めることを目的として、一般向けに作られました。言うまでもなく、GEは原子力産業の一翼を担っていく会社ですが、こうした短い映画が産業用に多く作られていた時代でした(2)。

制作者であるジョン・サザーランドは、一九三八年から二年間ディズニーで働いた経験があり、ディズニーを退職し独立した後も、ウォルト・ディズニーと良好な関係を保ち、ディズニーに発注された産業用、あるいは軍隊用のプロパガンダ映画を請け負っていました(3)。アイゼンハワーのスピーチとのタイミング、GEというスポンサーを考えると、このアニメーションもプロパガンダとして制作された側面が強いことは疑いありません。後の一九五七年にディズニーもテレビシ

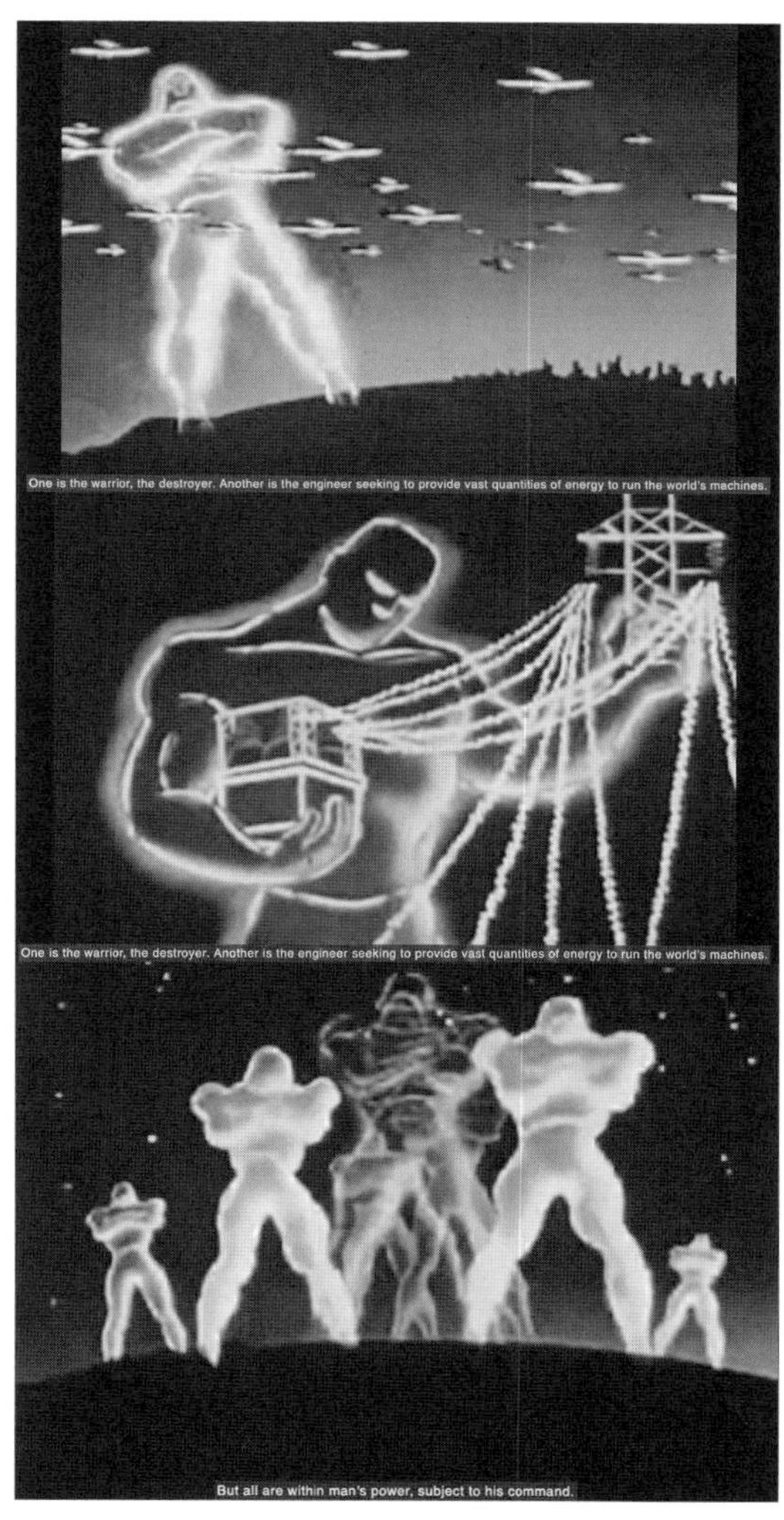

図2-2 「Aはアトムの A」より
上段：「一つは戦闘力，破壊者としての原子力」
中段：「もう一つは世界中の機械を動かすための大量のエネルギーを生み出す技術者としての原子力」
下段：「そして全ては我々人間の力にかかっていて，人間が制御することができるのです」

リーズ『ディズニーランド』で「ぼくらの友達、アトム」という、明らかに子ども向けのエピソードを放映しています。

GEのアニメーション映画の内容は、原子とはどういったもので、原爆の爆発の仕組みから、医療やエネルギー源としての原子力の有用性を淡々と一四分間で説明するものになっています。注目すべきは、このビデオで語られる原子力の「両義性」です(図2-2)。それは、破壊の力としての原子力と、エネルギー源としての原子力です。この両義性は、「破壊・創造」という意味では同じ「力」を鼓舞するものであり、その表象のされ方も男性を擬人化した「アトム教授」や、男性的な巨人が使われています。力=男性という図式が、このビデオに通底していると言えるでしょう。

しかし、最終場面では、その原子力が「手なずけられるものである」ことを強調する場面が出てきます。原子力を表象する巨人は、それを扱う人間次第で味方にも敵にもなる、といった具合に。つまり「その使い道は我々にかかっていて、人間が制御することができるのです」というセリフで幕を閉じます。つまり、この場面までは原子力の力を誇示していた超人間としての巨人は、最終的には、「手なずけることができるもの」といったメッセージに集約されていくのです。[4] こうした、「原子力と超人性、しかし結局は普通の人間がそれを操作する」という主題は、後に検証するスーパーヒーローものでも繰り返されます。

こうした映像においても、被ばく被害をも巻き起こした広島・長崎に言及することなく、その威力は大きな巨人として描かれ、同時に、この巨人が電線のつながった鉄塔へ電気を送るというイメージで、利便性も強調されています。

こうしたイメージに集約されるように、この時期の原子力言説は、強大な力でありつつも、その使い道は人間次第、つまり被ばくという負の影響を無視しつつ、いかようにも使える「力」に焦点を絞ることで、そのコントロールを促していくものになります。また、コントロールされた力の使いみちにおいて、「未来のエネルギー源」といった可能性としての語りが、負の側面を覆ってしまう役割も果たしていました。この時期に定着した言説が現在にまで影響を及ぼしているのです。

実際、負の結果を覆い、力とその利用の可能性に特化された原子力言説は、序章でみた核連鎖反応の七五周年を「祝う」イベントの一貫でシカゴ大学が制作したビデオと同じスタンスです。そのビデオの「原子力の使

図 2-3 アメリカ海軍提督のフランク・ロウリー，副提督ウイリアム・ブランディと妻がクロスロード作戦で出来たキノコ雲を模ったケーキにナイフを入れているところ（1946 年 11 月 7 日）

図 2-4　Atomic Fireballs,「アトムの火薬玉」という名前の飴玉

い道は我々にかかっています」というセリフで映像が終わるところまで、全く同じなのです。

　では、手なずけられるべき原子力は、どのように表象されてきたのでしょうか。きわめて象徴的な一例として、日本での原爆投下から一年と三ヶ月後に撮られた写真があります（**図2-3**）。結婚式のウエディングケーキのナイフ入刀のポーズを取っているのは、アメリカ海軍副提督で、「原子力副提督」と呼ばれたウイリアム・ブランディとその妻。ブランディは、ビキニ環礁での核実験、特に一九四六年のクロスロード作戦を指揮していました。また、この写真には提督であるフランク・ロウリーの姿もあります。

　このケーキはクロスロード作戦でできたキノコ雲を模し、「キノコ雲ケーキ」と呼ばれています。このケーキを前に、参加者一同が微笑んでいるばかりか、結婚式のナイフ入刀のポーズを取っており、新しい生活の門出を祝っているようなイメージです。ここにケーキの形で示された原爆の表象は、キノコ雲の下で起こったことを知らない人々にとっては、「破壊・創造」といった力を誇示するイメージではなく、むしろ「破壊」や「力」とは無縁な、ケーキの持つ無垢なものというイメージが前面に押し出されているのではないでしょうか。[5] つまりニュートラルで無垢というイメージと結びつけられた原子力は、使い手の意図に応じていかようにも手なずけられる、というわけです。[6] 現在でも、シカゴ大学が位置するイリノイ州シカゴ市の南部には、「アトミック・ケーキ」と呼ばれるケーキが売られています。[7]

かつてのキノコ雲ケーキのように、原爆や原子力のイメージが家庭的なもの(後章で見るように、それは特にこの時代、従属する性＝女性性と直結していました)で表され、その表象は家庭的と語源を同じくする「飼い慣らされた」(domesticated)ものにまで広がります。例えば電動ドリルの名前や、辛くてパンチのある飴玉(**図2-4**)の名前に「アトム」が使われているのですが、日常で頻繁に出くわす「アトム」の表象は「力」の象徴であるだけではなく、その力を「使いこなす」「飼い慣らす」ことも包括しています。

核のセクシュアライゼーション

では、もう少し「使いこなす」「飼い慣らす」といった表象を見てみましょう。こうした概念を表すのに、大変侮蔑的なことですが、女性性が過度に付与(ハイパー・セクシュアライゼーション)される場合もありました。

両手を高くあげた金髪の女性が、コットンでできたキノコ雲の白い水着を着て笑っている写真

図2-5　1957年5月に撮影されたミス・アトミック・ボムの写真
写真提供：Las Vegas News Bureau

（**図2-5**）は、この時代の核論説を代表するアイコンだと言えるでしょう。これは、後の章でも触れますが、ラスベガスのホテルがネバダの核実験にちなんだ催し物をすることで客足を増やそうと、「ミス・アトミック・ボム」コンテストを開催した際の写真です。

そして水着と言えば、上下分かれた「ビキニ」も、その成り立ちからして核論説と無関係ではありません。フランスのファッション・デザイナー、ジャック・ハイムは、早くも一九三二年に上下に分かれた水着を売り出すのですが、これを「アトム」と名づけています。これは露出の大胆さもさることながら、一番小さい単位という意味での名称でした。このことからも戦前の「アトム」が喚起するイメージは、その力が原爆という形で知れ渡った後の「破壊」とは違った意味づけをされていたこともわかります。

当時「アトム」は、露出が過ぎるためにあまり売れませんでした。第二次世界大戦中、対ナチのレジスタンス運動に参加していたハイムは、戦後自由な時間を取り戻すと、一九四六年の六月にスポーツウエアの店を始め、そこでもう一度「世界で一番小さい水着」というキャッチフレーズをつけて、「アトム」を売り出します。

ところが翌年の七月五日、同じくフランスの自動車エンジニアでもありファッション・デザイナーでもあったルイ・レアーが、女性の水着として初となる、お臍が出るスタイルで、ボトムは三角形の布地を体の両側で紐で結ぶだけの水着を発表し、「世界で一番小さい水着より小さい水着」として「ビキニ」の名前でお披露目しました。この時の「ビキニ」という名前は、前述のクロスロード作戦で核実験が行われたビキニ環礁が由来です。発売の一年前の七月一日に、ビキニ環礁で長崎原爆以来、初めての原爆使用という衝撃から、同様の衝撃を与えるものとして名づけたようです。

その後の一九五二年、アメリカが水爆実験に成功した頃から、この水着は徐々に一般にも浸透していきます。そして、今でもポピュラーな水着として、「アトム」ではなく「ビキニ」として流通しています。

核兵器のセクシュアライゼーションは、ビキニの例にとどまりません。一九五二年の水爆実験のキノコ雲の写真を手に、「キノコ雲へアー」あるいは「原爆へアー」を美容師にお願いしている女性の写真もあります(8)。

日本でも、一九四六年五月、原爆投下から一年も経っていない時点の長崎で、ミス原爆コンテストがあったことは、その骨太な仕事で知られる歴史家のジョン・ダワーの著作に言及があります。[9] また同じく歴史家のチャド・ディールもこのコンテストに触れ、日本側の正式名称は「ミス長崎」だったけれど、長崎に駐留していた海兵隊たちが「ミス原爆」と言い始め、そのままの名前で新聞に掲載されたことを記しています。[10]

歌われる原子力

ここまで、様々な形で「原子力」が視覚的イメージとして可視化され、表象されてきたことを見てきましたが、音楽の面での表象にも少し触れておきましょう。

前章で触れたジョン・ハーシーの「ヒロシマ」が掲載された『ニューヨーカー』誌は、洗練されたジャーナリズムとして捉えられており、「ヒロシマ」が多くの読者の琴線に触れたことは間違いありません。とはいえ、一九四六年時点、一億四〇〇〇万の人口を抱えていたアメリカで、一雑誌である『ニューヨーカー』の売れ行きだけでは、核兵器に関するアメリカの一般像を描くことはできないでしょう。

四〇年代から五〇年代は、テレビが浸透し、アメリカのプロパガンダ装置として意図的に広まっていく時代です。他方、まだまだラジオもその影響力が大きかった時代でした。そこで、ラジオのコンテンツとして圧倒的な影響力を持っていたポピュラー音楽の歌詞を見ていきましょう。

当時隆盛を誇っていたのが、カントリー・ミュージックです。カントリー・ミュージックといえば、愛国的なものが多かったり、宗教的（キリスト教的）であったりして、あまり洗練されていないというイメージがあるかもしれませんが、その分、最近まで核論説で取り上げられることの少なかった市井の声を代弁しているとも言えるでしょう。

ノース・カロライナ州でラジオのＤＪをつとめ、カントリー・ミュージックを歌っていたフレッド・カービーは、広島原爆の投下翌日に「アトミック・パワー」、ズバリ「原子の力」という歌を作詞し（のちに詩の中に長崎原爆を足します）、自身のラジオ番組で歌いました。これを聞いた音楽配給会社リーズ音楽[11]のチャールズ・ウルフは、当時売れていたカントリーミュージック歌手のブキャナン兄弟のマネージャー、ボブ・ミラーにこの歌のことを教え、ブキャナン兄弟にレコーディングすることを勧めます。

一九四六年四月にリリースされたこの「アトミック・パワー」は「原子の力、原子の力」というリフレインとともに、以下のような言葉が綴られます（訳は著者）。

神は原子の力を我々に与え賜うた

遠い外国の二つの都市の名を覚えているだろう
日本の力が地球上から焼け尽くされた時のことを

……ヒロシマ、ナガサキは自身の罪の代価を払ったこうした、「神が与え賜うた原子力」「広島・長崎は自業自得」といったテーマは、残念ながら、今でもアメリカでは珍しいものではありません。

この歌はヒット曲となり、その後、少なくとも五人のカントリー・ミュージックの歌手によってカバーされています[12]。また、この曲がヒットしたことで、カービーの友人、アーヴァル・ホーガンとロイ・グラントは、今度は太平洋のビキニ環礁で行われた核実験をテーマに曲を書き、ブキャナン兄弟に歌わせています。これが「原子力よりも偉大な力」という曲で、原子力よりも偉大な力として(キリスト教の)神を讃える歌となっています[13]。

この時期は、無邪気とも思えるスタンスで原爆を取り上げ、礼賛する歌詞が見られました。このような音楽は、「力」としての原子力が、万能の神や愛国心と結びつくかたちで表象されたのですが、こうした音楽とそこでの原子力の表象は、フォークソングのように反体制として始まった音楽とは違い、また『ニューヨーカー』の読者層とも違った層——外国のメディアにはあまり取り上げられないものの、二〇一六年の大統領選挙に見られるように、潜在的にアメリカの基底を形作る層と重なる——に長く支持されてきたことは注目すべきと思われます。

今まで見てきたように、一九四〇年代、原子力の力を、「アメリカ兵士の命を救った」良きもの、あるいはその力を無垢化する表象に加え、五〇年代に入ると「手なずける」原子力の象徴が登場します。これが次第にカントリー・ミュージック以外の歌詞にも盛り込まれるようになってきます。そして、この「手なずける」という性質は、可視化された表象同様、受け身であり従属する性とみなされた「女性性」と結びつき、表されるようになります。この時代の家族観、ひいては女性観は後の章に譲るとして、ここで社会・文化研究の吉見俊哉が良書『夢の原子力』で挙げている例を見ておきましょう(14)。

この時期には原爆が歌詞に出てくる特徴的な曲が見られます。一九五〇年にエイモス・ミルバーンの「アトミック・ベイビー」、一九五三年にリンダ・ヘイズの「アトミック・ベイビー」(エイモス・ミルバーンの曲とは同名異曲)、五五年にはエルトン・ブリットの「ウラン・フィーバー」、五七年にファイヴ・スターズによる「原爆ベイビー」、同じく五七年にはワンダ・ジャクソンの「フジヤマ・ママ」といった次第です。そして、一九六〇年にシェルダン・オールマンが「放射能ママ」をリリースしています。

一例として、「フジヤマ・ママ」の歌詞を取りあげましょう(訳は著者)。

長崎にいったことあるし、広島にもさ！
あいつらにやったのと同じことを、
ベイビー、あんたにもやってあげようか！
だってあたしはフジヤマ・ママだから。
ちょうど頭が吹き飛ぶくらい腹が立ってるのさ！
フジヤマ、ヤマ、フジヤマ！(15)

吉見によると、この「フジヤマ・ママ」は、その後、日本でも雪村いずみによってカバーされ、かなりのヒット曲になったようです。当然ながら、原爆に関する歌詞は省かれたようです。

これらの題名や歌詞の一部を見るだけでも、原子力が過剰な女性性の意味づけをされ、語られてきたことの一端がわかります。これは、単に男性購買客の気をひくためではありません。むしろ、女性という性に固有のものとみなされてきた「特性」と、原子力の「性質」を結びつけることで、「制御可能な女性＝原子力」というイメージが生み出されたと言えます。

原子力と女性を結びつけるこうした表現は、「原子力も女性も、うっかり怒らせると爆発するけれど、優しく丁寧に扱うと人間(男性!)に奉仕してくれる」といったところでしょう。だから、「扱いには気をつけよう。でも、気をつけさえすれば大丈夫」、という理解に合致することになります。

こうした歌を通して原子力は、女性固有とみなされてきた「ヒステリー」「感情的」といった特性と結びつけられ、扱いを間違えなければ良い、という刷り込みに一役買ってきたのでした。この理解は、取りも直さず、原子力は、破壊にも発展にも使えるという両義性を思い起こさせることで、原子力そのものはニュートラルというイメージをも強固にすることにもなりました。

放射能でパワーアップ

ここまで取り上げてきた原子力・核兵器に関する映像やケーキ、歌といった例では、その直接的な破壊力については語られていました。しかし、言及されていなかったのが、放射線の影響や被害といった後遺症についてです。

放射線は、核兵器の爆発と違って、その力が可視化されにくいため、これまでに挙げたようなケーキの形であったり、力として示された歌詞においては触れられなかったのかもしれません。放射能の影響が全く知られていなかったわけではなく、認識され、表現されてもいます。しかしその表現は、日本の私たちが考えるであろうものとズレがあるのです。

最近の例で言うと、二〇一八年七月、カリフォルニアワインから、福島の原発事故による放射性物質が検出されたことがニュースになりました。アメリカの人気番組、「ザ・レイト・ショー」のホストであるコメディアンのスティーブン・コルベアーは、ニュース紹介のコーナーで、ワインからの放射性物質検出に触れ、「この(放射性物質入りの)ワインを飲むと、気に食わない相手をぶっ飛ばせるように(強く)なる」と茶化しました。こうした発言がテレビ上で行われたということは、アメリカで放射性物質を体に取り込むことに関する認識の一つが、エンパワーメント、つまり「強くなる」ことであることの一つの証左でしょう。

放射能と力を結びつける、一番わかりやすい表象は、アメリカのスーパーヒーローでしょう。元祖スーパーヒーローであるスーパーマンは、一九三八年にコミック雑誌『アクション・コミックス』の中の漫画として生みだされましたが、初期のシリーズでは、彼の超人的な力は、故郷である惑星「クリプトン」では誰もが持っている力として描かれています(のちに、コミックバージョンでは夕焼けの放射能で力が弱まる、という設定になりました)。そして、彼の故郷である惑星の名前、クリプトンは、人工的に作られる放射性元素クリプトン85を連想させます。このように放射性物質と力の結びつきは、「超人的な力」という形で表象されているのです。

いくつかほかにも例を見ていきましょう。一九六〇年が初出の『キャプテン・アトム』は、ロケットの技術者である主人公アレン・アダムが、手違いでロケット内に閉じ込められたまま打ち上げられたことから話が始まります。ロケットは不運にも大気圏外で爆発し、彼の体は原子分解されてしまいます。しかし、理由は明かされないまま、彼は超人的能力を持った体として再構成されます。その際、体内から出る放射線を外に漏らさないようにするため、特殊な赤と黄色の衣装を身に付けなければいけなくなりました。この設定は、一九八六─八七年に人気を博した『ウォッチメン』のドクター・マンハッタンという、これまた示唆的な名前を持つ登場人物に引き継がれています。

一九六二年には日本でもよく知られる『スパイダーマン』の連載が始まります。この作品で、主人公の高校生、ピーター・パーカーが、科学展で放射能を帯びた蜘蛛に噛まれたことで超人的能力を手にすることは、よく知られているでしょう。

同じ年には、『ハルク』も世に現れます。怒りが頂点に達すると緑の超人になってしまうブルース・バナーが主人公のこの物語では、ブルースの父親、ブライアンが原子物理学者という設定です。ブライアンは原発が環境に優しいエネルギー源だと信じて研究に取り組んできたのですが、研究の結果、自身が被ばくしてしまい、その影響が息子であるブルースに遺伝したのではないか、という自責の念に苛まれていました。そのためアルコールに溺れ、ブルースを虐待するというものです。ここでは父親の被ばくが息子に遺伝したことで、息子が超人的な力を得た、という筋書きになっています。

一九六三年には『アイアンマン』が出版されます。感情移入の難しい主人公にしたい、という作者の目論見で、主人公トニー・スタークは、アメリカン・ドリームである「自力でのし上がった男」ではなく、父親から兵器製造会社を引き継ぎ、自らも戦争により巨万の富を築いた、ネオリベラル的な資本主義の推進派という、コミックヒーローの中では異色のキャラクターです。彼の作るロボット・スーツはアーク・リアクターと呼ばれる装置で作動しているのですが、この動力源となっているのが、パラジウムです。

パラジウムには放射性同位体と安定同位体とがあり、フィクションであるアイアンマンでどの同位体がアーク・リアクターとして使われているのかは、視聴者の想像に任されています。しかし、多くの視聴者はアーク・リアクターが何らかの核融合によりエネルギーを出力している、と考えているようです。特に二〇〇八年以降の映画版では、主人公の健康がパラジウムによって徐々に冒されている、という描写があり、被ばくの影響を想像させます。パラジウムの代替品として作られた「粒子加速器」(パーティクル・アクセラレーター)も、結局は高い放射線を出すもの、とファンの間では理解されているようです(16)。

これらのスーパーヒーローものは、二一世紀の今日でも新作が作られている人気コンテンツとなっていて、それだけ影響力もあります。それゆえ、こうした作品で明に暗に示されている、「放射能を取り込む＝超人的な力」という表現が、前述のワインのジョークに結実したものと思われます。

もう一つ、「放射能に触れると蛍光色に「光る」」というのも、アメリカにおいては一般的な被ばくの表象です。アイアンマンのアーク・リアクターも蛍光色に光っていますが、人気アニメ番組『ザ・シンプソンズ』では実際、放射能に触れると「光る」描写がなされています。

一九八九年に始まったこのアニメ番組はアメリカのアニメ史上における最長寿番組で、六〇カ国以上で放送されており、その影響力は大きなものです。シンプソンズ家の父親であるホーマー・シンプソンは原発で働いている設定ですが、放射能の不気味さ――放射能物質に触れると体が光ったり、突然変異を誘発したり――は描かれても、死に至る深刻な健康被害には触れられていません。

『ザ・シンプソンズ』開始から十年後に始まったアニメ番組『スポンジ・ボブ』の舞台は、太平洋の海底にある架空の町ですが、この町の名前はビキニ・タウンです。これが、アメリカが六七回にわたって核実験を行ったマーシャル諸島にあるビキニ環礁からの着想であることは明白です。

このように、核兵器や放射能は無邪気に、アメリカのポピュラー・カルチャーの中を跋扈しています。現存する原爆の投下地や核実験場の近辺の健康被害について触れられることはほとんどないまま、放射能への忌避感を促すどころか、それを取り込むことで超人的な力をもたらす、とした語りと表象が、スーパーヒーローを中心に現在でも再生産され続けているのです。

日米の温度差

私たちにとって違和感があり、不謹慎とすら思える原爆・核兵器・原子力に関する表現は、日米における表象を支える「語り」の違いに顕著に現れていると言えます。そしてこの日米間の「語り」と表象の齟齬が明白なものになるのは、日本の作品がアメリカで、またアメリカの作品が日本で公開される時かもしれません。

図 2-6 『LIFE』誌のゴジラ特集号の表紙（2019 年）

二〇一九年夏（アメリカでの封切りは五月三一日）、ゴジラシリーズ最新作となる『ゴジラ：キング・オブ・モンスターズ』が公開されました。一九五四年、ビキニ環礁での米国による核実験で「目覚めた」ゴジラは、その後日本国内で二九作品、アメリカでも四作のオリジナルが作られています（一九九八、二〇一

四、二〇一九、二〇二〇)。それ以前にも、日本のゴジラに再編集を加えたものが五作あります。日本発の作品であるゴジラは、アメリカで一定の評価を得ていると言えるでしょう。

映画はその受容プロセスにおいて、現地の公開に合わせた改変が行われることは珍しくありません。例えば一九五六年にアメリカで公開された第一作『ゴジラ』は、アメリカ人ジャーナリストで東京に出張していたレイモンド・バー演じるスティーブ・マーティンの視点とナレーションで、一九五四年のオリジナル版を再構築したものです。これは、一九五六年の時点で、日本人しか出ていない映画では観客が感情移入しにくいことから、白人男性を基軸に物語を組み替えた結果です。

ただし、それだけが変更されたのではありません。マーティンが東京(のセット)にいる設定なので、日本人役の日系(あるいはアジア系)アメリカ人の俳優を多く募り、新しくシーンを足しています。その一方で、「長崎原爆を生き延びたのに、ここで死にたくない」と吐露する女性のシーンが削除されていたりするのです。このような、アメリカの原爆投下とそれに伴う人的被害を思い起こさせるシーンは消されていますが、映画のテーマであるゴジラの出自——水爆実験で生まれた——は、前例のない「力」の象徴として人気を博すのです。

こうした改変を経て、映画は成功を収め、その後も日本のゴジラ作品がアメリカでも公開されるようになりました。また、それらを見て育った子ども達が大人になって、アメリカ版ゴジラを独自に作るようになったことが現在まで続くゴジラ人気を支えています。

しかしながら、その起点となった第一作の「改変」においては、原爆の人的被害といった放射能の側面が隠蔽されつつ、放射能を浴びることで強化される生物という表象のみが取り上げられることになったのです。こうした「放射能によるパワーアップ」という表現は、まさにアメリカにおけるスーパーヒーロー作品の「語り」のパターンにはまっていると言えるでしょう。

とはいえ、「放射能が力の源」という表象は日本にも存在します。鉄腕アトムやドラえもんなどが、原子炉を内包するスーパーロボットであることは有名です。ただし留意すべきは、ゴジラをはじめ、これらのキャラクターが人間ではなく、原子力を動力としている、人間以外のものである点です。つまり、普通の肉体を持った人間が放射線の影響で超人化しヒーローとして活躍する、といったアメリカ的な筋書きは、原爆体験が曲がりなりにも受け入れられている日本では、ほぼ見当たらない表象といえましょう[17]。

だからといって、ドラえもんや鉄腕アトムのような描かれ方のほうがより良い、と考えるのは早計でしょう。一見、暴力とは無縁なものとして描かれる、「原子炉による明るい未来」を描く無邪気さと、超人的な力による「正義の暴力」とは、どちらも放射能障害に触れない点では、この章で繰り返してきた両義性の域を出ず、その限りにおいて原子力の「制御可能」性と「無垢化」に貢献しているからです。こうした表象の差異から、互いの地で広く受け入れられている「語りのパターン」と、そのために見えなくされているものに目を向けることが求められているでしょう。

放射能は、人間の体と環境に長期にわたって影響を及ぼします。その始まりであるウラン採掘・精製から、最後に廃棄物となるまで、常に周囲に被ばくを強いるものです。中には寿命の尽きた原子炉、そして原子力潜水艦という巨大な被ばく建造物もあります。原子力潜水艦についてはは海洋投棄が問題になっています。日本では二度の原爆投下、その後のマーシャル諸島での核実験に巻き込まれた経験から、被害の実態が(十分とは言えないまでも)語られており、広島・長崎の資料館、記念館、追悼館をはじめ第五福竜丸展示館など、「記憶の受け皿」もあります。

ですが、こうした放射能障害はアメリカの多数の市民にとっては自明のものとは言えません。ここまで例示してきたように、原爆や放射能はまず「力・破壊力」であり、なおかつそれはニュートラルであるため、コントロールしなければならない、ということが、アメリカの人々の大多数にとってのイメージなのです。放射能がむしろ「力による変容」の源としてしばしば表されてきたのもそうした理解(誤解)に基づくものでしょう。

[注]

(1) 教育における一九四〇年代後半から五〇年代の核理解が、後の章で見るように「市民防衛」の枠組みで捉えられていたことがわかる例として、JoAnne Brown, "'A is for Atom, B is for Bomb': Civil Defense in American Public Education, 1948-1963" *The Journal of American History*, vol. 75, no. 1 (1988): 68-90を参照。

(2) 五〇年代にGEのコマーシャルに出演していたのが、ロナルド・レーガン、同じく五〇年代に日本で原発政策を推進したのが、当時の若手議員、中曽根康弘。この二人が八〇年代に自国の長となるのは奇妙な偶然ですが、逆に言えば、原子力政策に反対することは、政治的に力を持てない、ということの表れ、と読むこともできるでしょう。

(3) Tom Heintjes, "Animating Ideas: The John Sutherland Story" *Hogan's Ally*, 24 July 2002 (https://www.hoganmag.com/blog/animating-ideas-the-john-sutherland-story).

(4) とはいえ、この時代の「人間」の象徴は白人男性に代表されてしまうことが往々にしてありました。

(5) 例外として、この写真が「ビキニに敬礼」と題する数々の写真の一枚として一九四六年一一月七日にワシントン・ポストに掲載された三日後に、ユニタリアン教会の牧師、アーサー・パウエル・デイヴィズが、説教の中で「こんなケーキをアメリカが作っていると知ったら、広島や長崎の人はどう思うでしょう」と言っています。しかし、デイヴィズも、「アメリカの戦争は人々を残忍に殺すものではない」と、アメリカや戦争を美化した発言を同じ説教でしています。説教全文は Conelrad Adjacent (http://conelrad.blogspot.com/2010/09/atomic-cake-sermon-1946.html) を参照。しかし、この説教がワシントン・ポストに掲載されると、副総督と妻を庇う反論が送られ、物議を醸しました。

(6) このキノコ雲ケーキを作ったのはミズーリ州との州境にある、イリノイ州、イースト・セントルイス市の町のケーキ屋でした。

(7) カスタード・クリームのたっぷり入ったバナナケーキ、ストロベリーケーキ、そしてチョコレートケーキを三層に重ねたものに、ホイップクリームで周りを彩ったものとなっています。

(8) http://www.weirduniverse.net/blog/comments/atomic_hairdos このサイトでは、「いかに原爆が美容師にインスピレーションを与えたか」と題していくつかの髪型(hair-do)を紹介しています。

(9) John Dower, *Embracing Defeat: Japan in the Wake of World War II* (New York: W. W. Norton, 1999): 241 (邦訳あり：三浦陽一他訳『敗北を抱きしめて――第二次大戦後の日本人 増補版』(上・下)岩波書店、二〇〇四年).

(10) Chad Diehl, *Resurrecting Nagasaki: Reconstruction and the Formation of Atomic Narratives*

(Ithaca; NY: Cornell University Press, 2018). また、長崎のミス・原爆コンテストについては、Masako Nakamura, "'Miss Atom Bomb' Contest in Nagasaki and Nevada: The Politics of Beauty, Memory, and the Cold War" ***U.S.-Japan Women's Journal***, no. 37 (2009): 117–243.

(11) 一九世紀末から二〇世紀初頭のアメリカの音楽シーンを牽引したニューヨークの音楽配給会社とシンガー・ソングライターグループの一人として知られるルー・レヴィーによって設立された音楽配給会社。レヴィーはボブ・ディランや、「ムーン・リバー」などで知られるヘンリー・マンシーニを発掘した人物として知られています。

(12) この曲をカバーしたうちの一人、ライリー・シェパードの数奇な運命に関してはＮＰＲのポッドキャスト、「Hidden Brain」のエピソードを参照。"The Cowboy Philosopher: A Tale of Obsession, Scams, And Family" ***Hidden Brain***, 7 January 2019 (https://www.npr.org/2018/12/21/679233260/the-cowboy-philosopher-a-tale-of-obsession-scams-and-family).

(13) There's a Power Greater Than Atomic (Victor, 1947).

(14) 吉見俊哉『夢の原子力：Atoms for Dream』(筑摩書房、二〇一二年) 一九九–二〇四頁。

(15) 原文は "I've been to Nagasaki, Hiroshima too! The things I did to them baby, I can do to you! 'Cause I'm a Fujiyama Mama and I'm just about to blow my top! Fujiyama-yama, Fujiyama!"

(16) この「粒子加速器」について、アイアンマンのファンによるサイトもいくつかありますが、ブルックヘイブン国立研究所の物理学者、トッド・サトガタにインタビューしている記事を挙げておきます。Erin McCarthy, "Can You Build a Particle Accelerator in Your Home? Iron Man 2 Fact Check" (https://www.popularmechanics.com/culture/movies/a12418/iron-man-2-particle-accelerator/).

(17) 一九六七年に放送された『ウルトラセブン』の「スペル星人」の回が、後に子ども向け雑誌『小学二年生』の付録や『怪獣図鑑』で「ひばく星人」と名付けられたため、放送禁止になったことはよく知られています。詳細は安藤健二『封印作品の謎：ウルトラセブンからブラックジャックまで』(大和書房、二〇〇七年)、Yuki Miyamoto, "Gendered Bodies in *Tokusatsu*: Monsters and Aliens as the Atomic Bomb Victims," *The Journal of Popular Culture*, vol. 49, no. 5 (2016): 1086–1106.

第三章　原爆と正義をつなぐもの——軍隊

アメリカの教育制度

前章で見てきたのは、アメリカにおける商品、とくにエンターテインメントの文脈で原爆や原子力がどのように語られたか、というものでした。繰り返してきたように、こうしたエンターテインメントにおける語りは、人々のものの見方に大きく影響します。それはいかなる文化圏であっても、おそらく同じでしょう。

これらと同様、私が着目に値すると考えているのが、軍の存在と、それを取り巻く語りです。核兵器や原子力潜水艦、空母を所有するアメリカの軍が、原爆と核に関する語りにおいて重要な役割を担っているのは当然ですが、着目する理由はそれだけではありません。現在の日本のように徴兵制が存在せず、軍隊（自衛隊）の位置づけが曖昧な国（曖昧さが悪いということではありません、念のため）からは想像しにくいかもしれませんが、軍隊がアメリカ市民の心情に及ぼしている影響は、非常に大きいものなのです。

そこで、アメリカにおける軍隊の位置づけを、最も身近な教育の現場から見ていきましょう。

なお、私は卒業した大学院、就職先の大学もすべてシカゴ市内にありますので、私の経験は、シカゴ市内、そしてアメリカ中西部を中心とするものに限られることが多いのですが、なるべく他の州と共通するところに着目していきたいと思います。もし、違いがあるとするならば、後述するように、兵役に就いている学生が通う大学のタイプの違いという方が、むしろ重要になってきます。

シカゴという地域は、アメリカ中西部のイリノイ州にある、全米第三位の規模を有する大都市です。オバマ前大統領の選挙区としても知られるイリノイ州を含むアメリカ中西部は、「アメリカのハート・ランド(心臓部)」と形容され、西海岸のようにアジア系が多くアジア文化が浸透しているわけでもなく、東部のように「政治・教育におけるエリートが多い」といったイメージでもありません。勤勉さ、正直さ、簡素さなどを美徳とするイメージで、まさに地理的にも文化的にも経済的にも、アメリカのかつての中産階級を想起させる地域といえるでしょう。

この中西部に含まれる州のうち、オハイオ州、ミシガン州、ウイスコンシン州、ミネソタ州といった州は、二〇一六年の大統領選挙で鍵を握った地域とされました。[1]というのは、これらの州は、それまで、主に白人で構成される実直なブルー・カラーの労働者が中産階級を形成し、伝統的に民主党を支持していたことで知られていました。しかし、二〇〇八年にはオバマに投票したそれらの人たちが、もう中流の生活を維持できない、という経済的な不満から、二〇一六年にトランプ支持に流れた、と言われています。

付け加えるならば、彼らの不満の中には人種差別的な要因も含まれていました。それは非白人の移民（や、その子ども達）が、医者や弁護士など専門職として活躍するのを横目に、実直に何代も働いてきた我々が冷や飯を食わされている、という感情です。これがトランプキャンペーンのスローガン、「再びアメリカを素晴らしい国に！」（Make America Great Again：MAGA）という言葉で表されたのです。トランプ支持者の全てではありませんが、多くの人にとってノスタルジアを喚起するこのスローガンの「アメリカ」は、必ずしもマイノリティーを含む多様なアメリカというイメージではありません。むしろ、白人（そして主に男性）が主流であった「あの頃」に、というニュアンスです。トランプの台頭と同時にヘイト・スピーチが盛んになったのも、偶然ではないのです。(2)

このような背景を持つ中西部一の都会が、私が現在まで住まい、学び、そして教えているシカゴということになります。私自身の経験として詳しく知っているのは、大学院生として学位を取得したシカゴ大学と、教師としての勤務校であるデュポール大学の二校です。とはいえ、中西部を中心に様々な大学（時には高校）へ講演をしに行くこともあり、アメリカの大学全体についてお話ししても、あながち的外れになるということもないでしょう。それと同時に、私の経験したシカゴ大学とデュポール大学というタイプの違う二校を中心に見ていくことで、アメリカの教育の現場、そして軍との繋がりもより明確になることと思います。

まずは、簡単に二つの大学をご紹介するところから始めましょう。私が働くデュポール大学は二〇一七年秋の新学年時点で学生数二二七六九名（学部生六五％、院生三五％）と、北米のカトリック大学としては最大の規模で、そのうち女子学生が五三・二％と男子学生をやや上回っています。

これは、全米における大学生の男女比とほぼ同じで、アメリカにおける大学進学数の平均構成比であると言えるでしょう。

これに対してシカゴ大学は、学生数一四四六七人の中規模大学なのですが、大学生と大学院生の割合が三八・二%対六一・八%となっており、いわゆる大学院大学の様相を呈していることが特徴的です。これは、シカゴ大学が研究者を養成するという役割を担っているためです。また、これを反映してか、男女比も男子学生が五二・七%と全国平均よりもかなり多くなっています[3]。

二校とも私立大学ですが、ここで学費を比較してみましょう。デュポール大学の場合、学部により違いはあるものの、その学費は年間概ね四二〇万円前後です。私立大学の学費は全米平均で約三一〇万円といわれていますが、デュポール大学の場合、大学キャンパスが都市部にあることを考えると実はそれほど高い方ではなく、大学のミッションとしても「家族で初めて大学に行く」、という、いわゆる「ファースト・ジェネレーション」学生を積極的に募集しています。

シカゴ大学になると学部の学費の年平均は八〇〇万円程度[4](ただし、大学院生については、学部・学科にもよりますが、将来の研究者を育てるプログラムとして、多くの場合、学費免除、生活費支給となっています)にも及び、二〇二五年には一〇〇〇万円を超える、と試算されています[5]。

同程度の学費である東海岸のアイビーリーグ(アメリカ北東部に位置する名門私立大学八校を指す呼称)、西海岸の有名私立校同様、シカゴ大学も保護者の年収で学費がスライドする方式を採用していて、保護者の年収が低い場合は、学費も低く設定されることもありますし、逆に親の年収が中の上以上であれば、額面通り払う場合もでてきます。また同時に、優秀な学生であれば、返還義務のない奨学金を受給し、実質学費を払うことなく四年間通うことも可能です。

では、公立大学の場合はどうでしょうか。例えば、同じくシカゴ市にあるイリノイ州立大学は、シカゴ校、ウルバナ・シャンペン校など、複数のキャンパスをもつ大きな大学です。この場合、州内に居住していれば三六〇万円ほどで済みます(とはいえ、それでも大金に違いありません)。ただし、州外出身者の場合は費用が増え、年間で約二三〇万円が加算されることとなります。

ちなみに日本の場合は、というと、私立学校の場合は約九〇万円、公立大学は約五四万円というのが年間の授業料平均のようです。[6] 日米の所得差を考えても、アメリカの大学の学費が非常に高額であることは明らかです。

アメリカの大学の学費がこのように高額になってしまうのには、いくつかの理由があります。まず、アメリカ連邦政府が大学への予算を大幅に削ったために、各大学に与えられる助成金が少なくなってしまったことが第一に挙げられます。また日本に比べ設備投資が格段に多いことも重要です。地域の学生が通うことを念頭においている二年制のコミュニティー・カレッジ(日本の短期大学に近い位置づけかもしれません)と違い、ほとんどの大学では寮が完備されており、それによって必然的に食堂やジム、コンピューター室など、様々な施設を用意することになります。またセキュリティーのための監視カメラ、ロックシステムに加え、警備、パトロールの人員などを抱えていることも費用に加算されます。

さらに、最近の顕著な傾向としては、アメリカの大学も少子化に向けて生き残りをかけ、企業化し始めたことがあります。それによって教員よりも、経営、運営に携わるスタッフの数が極端に増え、その費用が嵩んでいるのです。

こうした高額な学費を前提に考えると、奨学金をもらうには、子どもの教育に関心の高い保護者の後ろ盾が必要になります。高校まで義務教育であるアメリカの、特に都市部では、学校間格差が大きく、大学進学、ましてや奨学金を受けるのに有利な高校は、公立であっても選抜式であることが多いのです(試験に落ちても、義務教育ですので、選抜式ではない公立高校に行くことになりますから、高校浪人ということはありません)。

しかし、それほど子どもの教育に意識的な家庭は、そもそも経済的・精神的余裕のある家庭である場合が多く、保護者自身も大学卒で、大学受験のためのノウハウを知っているなど有利な面があることは否めません。

そこで、多くの学生は将来返還しなければならない「学生ローン」を利用することになります。これは連邦政府による公的なものなのですが、その金利は五・〇五%程度、大学院生だと六・六%という、決して低くないものです。あるいは、親や保護者が子どもの学費のために借りる学生ローンの保護者版もあるのですが、その場合の金利も七・六%という高い数字になっています。(7)

日本と同様に、経済格差が教育の現場である学校においても学力という形で現れるだけでなく、制度的に格差の再生産が行われていると言えるのです。

教育と軍隊——GIビルとROTCプログラム

こうした中、大学の進学を希望するものの、奨学金の受給が困難だったり、ローン返済が難しい学生に使える方法が二つあります。どちらも軍に関係していて、一つは「GIビル」と呼ばれるものです。これは第二次世界大戦に従軍した兵士が、兵役を離れた後に社会に順応するための補助制度として、一九四四年に制定されたものです。初期のGIビルは、九〇日以上の従軍経験があれば、住宅ローンを安く組めたり、起業に当たっての借入金の利子が低く設定されたり、失業手当が一年ついたり、高校、大学、あるいは専門学校に通うための学費と生活費が支給されたりするというものでした。GIビルは何度かの改定を経て、現在では自分の居住州の州立大学に通うための必要な経費は、全てGIビルで賄われることになっています。

このため、州立大学ではGIビルを利用した退役軍人が多い傾向があるのですが、デュポール大学は私立とはいえ、その立地の便利さからか、このGIビルで大学に通う学生、あるいは現在も軍に在籍している学生が、少数とはいえ一定数います。あるいは自身が軍に属した経験がなくとも、両親が軍に所属している学生、親がGIビルで進学した学生、兄弟や親戚が従軍している、あるいは配偶者・パートナー・恋人が従軍している／いた学生も、それなりの割合にのぼります。私の教え子の中にも、実際にアフガニスタンで従軍していた学生がいましたし、後述するROTCプログラムで学費を払っている学生もいました。

これに対して、シカゴ大学のような大学は事情が異なります。学費が高額なため、GIビルでも(九・一一以後、九〇日以上従軍した場合支給される九・一一手当をいれても)年間四〇〇万円近くは自腹となります。[8] それゆえGIビルに頼る学生というのは(特に学部生では)珍しいかもしれません。また、次に詳述するＲＯＴＣプログラムにも参加していません。結果、デュポール大学などの大学とは異なり、軍隊に所属する／した学生、あるいはその周囲での軍隊とのかかわりも薄いことが多いのです。

ＧＩビルに次ぐ、もう一つの大学進学の援助が、「ＲＯＴＣ」(the Reserve Officers' Training Corps：予備役将校訓練隊)という制度です。これは南北戦争中に、大学などが連邦政府の土地を借り受けられるという一八六二年制定のモリル・ランドグラント法に端を発している古いプログラムで、このプログラムの選抜に合格すると、大学の学費を賄ってもらえる、あるいは大幅な免除が受けられる、といった恩恵を受けられます。これは陸海空軍が対象で海兵隊や沿岸警備隊にはない特典です。陸軍では三八・五％、空軍では三八・一％、海軍では一六・七％がＲＯＴＣ卒業生です(9)。

ＲＯＴＣは、選抜される時点での条件にもよりますが、通常四年の従軍と八年の兵役義務が課せられています。ベトナム戦争を機にＲＯＴＣを廃止した大学も多いのですが、例えばプリンストン大学では陸軍のＲＯＴＣを受け入れており、近隣のルトガース大学で空軍のＲＯＴＣプログラムに入っている学生は、プリンストンの授業が受けられるようになっています。マサチューセッツ工科大学、カリフォルニア州立大学バークレー校も陸海空のＲＯＴＣプログラムがあります。アイビーリーグやそれに準ずる大学でＲＯＴＣを受け入れていない大学は、先ほど少し触れたように、シカゴ大学をはじめイェール大学、コロンビア大学、ブラウン大学、ダートマス大学、エモリー大学、スタンフォード大学、カリフォルニア工科大学などです。こうした事情も、シカゴ大学の学生が軍との心理的距離が遠く、軍や核兵器批判へのタブー視的なものが比較的軽い一因と言えましょう。

ハーバード大学は、一時ROTCを拒否していましたが、これは平和主義からではなく、軍隊内部の性的マイノリティーに対する差別待遇に反対していたためでした。二〇一一年に「「聞くな、言うな」政策」(隊員の性的志向を聞いたり、自ら公言することを禁止するものです)がオバマ政権下で施行されてからは、ROTCプログラムが復活しました。

逆に言うと、先に挙げた以外のほとんどの大学ではROTCプログラムを受け入れており、キャンパスでは勧誘のためのイベントやブースが設けられているところもあります。

その結果と言うべきか、シカゴ大学とデュポール大学を比べると、戦争、核兵器に批判的なのは明らかにシカゴ大学の方です。つまり、自ら軍隊や戦場を経験したことがなく、家族、親戚、友人も従軍経験がなく、軍隊に入ること(軍隊に頼る、と言っていいかもしれません)を選ばずともよい学生が多いという恵まれた階級が多いために、こうした戦争や軍に関することを「ひとごと」として批判できるのだと言えます(10)。

つまり、それは、アメリカ社会、そして多くのアメリカの大学において、軍というものは身近な存在であることを物語っています。そして、我々にとってイメージしにくいかもしれませんが、軍が身近である、むしろ頼るべき存在であるということは、戦争・紛争、あるいは兵器についての語り方にも大きく影響するのです。

大学教育とは直接関係ありませんが、若者における軍隊との距離感という意味で、「選択的義務兵役制度」について、ここで少し触れておきます。

アメリカは、南北戦争時に徴兵制を敷きましたが、時代の要請に応じて徴兵制を敷いたり、撤廃したりで、徴兵制の歴史は紆余曲折があります。例えばベトナム戦争後の一九七三年には徴兵制は廃止されました。しかし、徴兵制廃止によって、軍と市民との距離が、必ずしも広がったわけではありません。むしろ、「自分は軍に行っていないのに、行ってくれてありがとう」と感謝する言説が広まりました。

現在、皆民徴兵制度は敷かれていませんが、アメリカの成人男性のみに適用される「選択的義務兵役制度」というものがあります。これは、やはりベトナム戦争後の一九七五年に一旦撤廃されましたが、再び一九八〇年レーガン政権下で復活しました。「徴兵制」と銘打っているものの、登録が義務付けられるだけで、実際に訓練で入営することはありません。登録は、郵便局などで簡単に入手できる、ややポップな印象を与える申し込み用紙に記入して提出するのみです。

この制度は第一次世界大戦に端を発します。アメリカに居住する一八歳から二五歳の男性であれば、市民権の有無を問わず(ただし留学生は除外)、また、非戦・非暴力を旨とする宗教に帰依する者に免除を認める良心的兵役拒否を行う若者も、一八歳の誕生日から三〇日以内に登録しなければなりません。登録しなかった場合、日本円で二五〇〇万円相当(二五万ドル)以下の罰金、あるいは五年以下の禁固刑が課せられます。また、政府の仕事に就くことや政府からの奨学金を受けることもできない、とされています。

一方で、テクノロジーの進化と戦争形態の変化などで、実際の兵士の数は減少しており、また、軍隊の仕事をアウトソースする傾向もあります。登録したからといって、近い将来戦場に駆り出されることはない、という前提が国民間でも共有されているようです。だからこそ、志願して兵士になる人たちに対する負い目のようなものが広く共有されています。

大学と軍の距離に話を戻すと、私が引率する広島・長崎の研修旅行に参加してくれ、原爆や核兵器についても熱心に勉強してくれたある学生は、ROTCプログラムで大学の学費を賄っていました。両親ともに軍隊勤務で、軍隊は非常に身近なものだったようで、特技の写真を活かし、記録係として軍で働きながら大学に通っていました。もちろん、軍隊といっても、兵士のみが働いているのではなく、彼女のように記録係だったり、事務や医療、あるいは研究に従事している場合も多いのです。

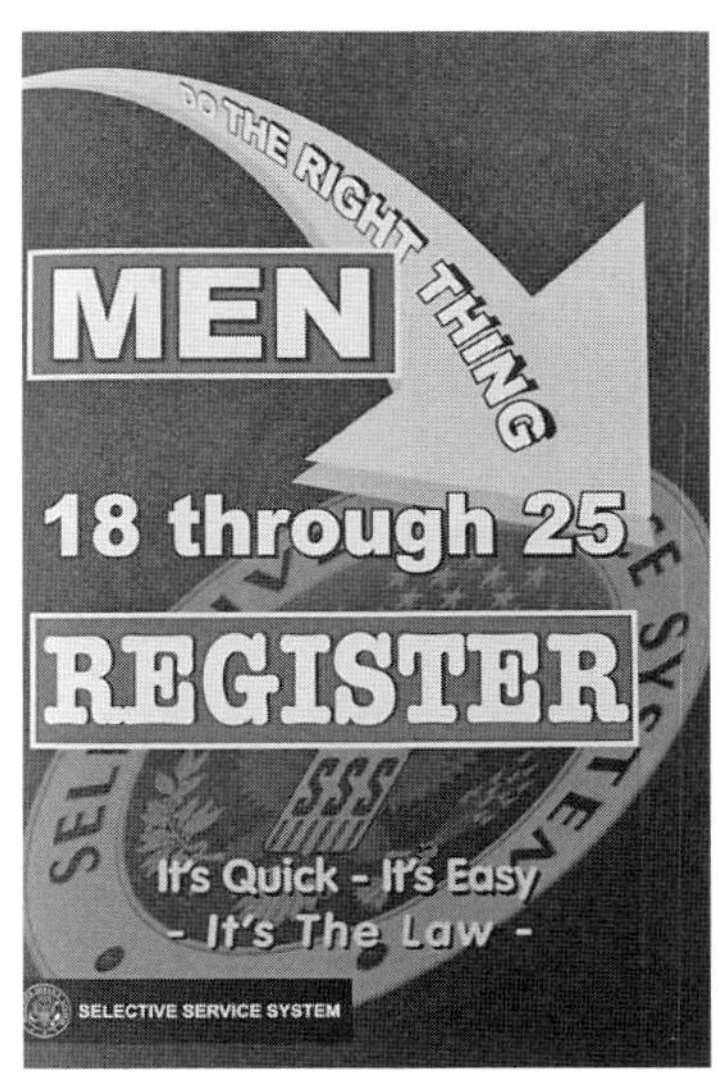

図 3-1　選択的義務兵役制度のための登録用紙

他にも空軍のプログラムに入っていた学生は、原爆論説の授業にも時折迷彩服のユニフォーム姿で現れ、ギョッとさせられたものです。体の大きい学生が迷彩服で背筋を伸ばして教室に座っていたり、クラスメートと談笑しているのを見ると、大変な違和感を覚えたのですが、周りの学生にとっては珍しい光景ではないようでした。

こうしたROTCプログラムに登録する学生は、軍の中でも士官候補生にあたります。「選ばれしもの」という自負もあり、規律に従順で、礼儀正しく、学生のまとめ役を買って出る、人望もある学生たちなのです。ある意味、教員としては教えやすい、日本でいう「優等生」であることが多いのです。「優秀」な人材の軍による青田買い、という側面も指摘できるでしょう。

青田買いといえば、こうした軍隊と教育の結びつきは、実は大学以前から始まっています。高校にはJROTC(ジュニアのためのROTC制度)があり、少なくとも三年間の訓練を課すものです。現在、二七万四〇〇〇人余りの高校生が、このプログラムに参加しています。このプログラムの高校生たちも「選ばれしもの」として誇りを持って、軍服で登校することもあります。

私の経験上も、こうした学生たちの多くは礼儀正しくまじめです。例えば、二〇〇七年のデュポール大学での原爆展の開催に合わせて、広島の被ばく者、岡田恵美子さんに被ばく証言のために渡米していただいたことがありました。その際、デュポール以外でも、シカゴ市内の高校や近隣大学で証言をお願いしました。その中で、デュポール大学に近い、とある高校で岡田さんが証言された時のことです。生徒たちは神妙に岡田さんの話を聞いてくれて、講話後、三人の女子高校生が岡田さんに駆け寄ってきました。そのうちの一人は、軍服を着ており、JROTCプログラム参加者の学生であることが明らかでした。残り二人の学生が、カジュアルに手を振りながら「ありがとう」と言って帰っていくのとは対照的に、この学生は礼儀正しく岡田さんに近づくと、とても丁寧にお礼を言い、握手をし、写真を一緒に撮ってもらうようお願いしていました。真摯に話を聞き、礼儀正しく対応するこの生徒の姿に感心するとともに、岡田さんも私も、この生徒が加害者としての軍を象徴する軍服姿で現れたことに疑問を持っていない様子に、複雑な念を抱いたことを覚えています。

J／ROTCの生徒／学生たちは、おしなべて礼儀正しく、多くの場合講話後に感謝の言葉を被ばく者の方に届けています。その気持ちは、とても嬉しく有難いものですが、その上で、軍隊で兵士としての訓練を受けている生徒／学生たちが、どのようにこの講話を解釈し、自らの人生に反映していくのかを考えると、その場で何を言えばいいのか、悩んでしまいます。

原爆や核兵器の話をする度に痛感することですが、自分が正しいと思うこと（この場合、軍隊への複雑な心境と原爆・核兵器の持つ無差別な非人道性）を言う勇気はとても大事です。でも、人間関係の確立していない相手に「正しさ」を説くこと、そしてその「正しさ」が、相手の人生の重要な決断を否定することになったり、その「正しさ」は、軍隊に頼らずとも高等教育を受けられた自分自身の環境に大きく依存している場合、相手に響く言葉とはどういうものかという問題は、いつも心に渦巻いています。

軍・兵士の社会的位置づけ

さて、このROTCプログラムのパンフレットに書かれている文言を見ていくと、次のような表現に出くわします。

私たちが夜安眠できるように、そして自由を享受できるように、彼らは働き、守ってくれているのです。彼ら、そして彼らの前任者が守ってくれた我々の生活のため、彼らを誇りに思い、彼らのために祈ることをお願いします。(11)

つまり、今我々が送ることができている平穏な生活は、彼ら(兵士、軍隊)のお陰である、という恩義(indebtedness)を諭す文面になっているのです。

こうした「恩義」の文脈は、日本でも「現在の我々の繁栄は、英霊の犠牲に負うている」といったような靖国神社参拝のロジックにも見られる文言です。軍隊を持つ国(持っていた国)、というのは、こうして亡くなった兵士、従軍している兵士に恩義を感じる語り方を常にしていくことで、結束を高め、次代の兵士を募る役目を果たしています。ですから、兵士が敬意を評される存在として取り扱われますし、慰霊という大事な儀礼、あるいはパフォーマンスを通じて、国は「あなた達の事は忘れませんよ」というメッセージを発することを怠りません。それが、また新しい兵士へ引き継がれます。(12)この点では、神社での慰霊、国家の追悼行事は、ある種の「語り」の「受け皿」として機能しているわけです。

軍事大国アメリカでは、こうした軍や兵士、退役軍人への尊敬の念を日常生活でも至る所で見ることができます。例えば、戦争で亡くなった兵士に想いを馳せるための戦争記念日や軍人に感謝を表する祝日などがあるのはもちろんのこと、軍服を着ている人を街で見かけると、他人であっても「従軍、ありがとう」と声をかける場面はよく見かけます。特に実際の戦闘が続いている九・一一以降は珍しくない光景でしょう。また、空港で搭乗の際、兵士が優先的に機内に案内されることをご覧になった方は多いかもしれません。このように、何気ない日常に「社会が軍・軍人を尊敬している」ことが、人々の心に刷り込まれる仕組みになっています。

特に退役軍人の存在は、社会制度にも大きな影響を与えています。例えば、シカゴは車社会のアメリカにしては公共交通機関が発達している街ですが、こと電車になると、まだまだ構内にエレベーターやエスカレーターが設置されていない駅が多々あります。しかし、シカゴ市内を走るバスは、一〇〇％車椅子に対応しており、乗り降りの段差を軽減するためにバス自体が車体を低くする仕組みや、車椅子が固定できるスペースなどがきちんと確保されています（これはベビーカーのスペースとしても機能しています）。

これを、キリスト教に基づく博愛主義の表れだとする人もいますが、それだけでは説明しきれません。むしろ、このような社会基盤の整備は、体を壊してしまった退役軍人が行動を制限されたり、差別されたりすることなく社会に復帰できるという社会保障の側面があると言えるでしょう(13)。

実際第二次世界大戦後に義肢の技術が発達したのは、四肢を失った退役軍人のためだったという研究もあります(14)。このことを指摘したデビッド・サーリンは、こうした義肢の発達は、退役軍人の社会生活復帰のために重要だっただけでなく、彼らの尊厳を復活させるという側面もあったと主張します。すなわちサーリンによると、義肢は、単に日常生活を送るにあたっての利便性だけでなく、彼らが失った男性性(マチズモ)をも復活させるために機能した、と。これは、図らずも男性性がいかに身体性に頼っているか、言い換えれば男性性において、いかに身体的自立性が重要かを露呈している、とも言えるでしょう。自立した体があるからこそ、女性に対して保護を申し出ることができ、相手に対する「保護を与える」という優位性がマチズモを支えている、というわけです。

その「保護を与える」ところの優位性、守られているものが感じる「庇護感」は、軍隊にも当てはめられます。軍隊が我々を守ってくれている、そしてその働きに我々は感謝をするという図式が、空港でも、バスでも、その他アメリカのあらゆる場所の社会機能上で表現されているのです。

セーフティーネットとしての軍

「軍隊が我々を守ってくれている」というのは、実は心理的なものだけではありません。軍に所属することで、進学の保障だけでなく、生活も支えてくれる、という実利的側面もあるのです。

前述したように、格差が激しいアメリカでは(15)、大学の高額な学費を支払うことも難しく、学生ローンを支払い続けることも難しい学生が大勢います。それに加え、日本のように国民皆保険制度がなかったアメリカにおいては、私的保険への加入が大変高額でした。それゆえ、こうした保険制度を改革したオバマケアの導入以前は、保険加入ができない人々が今以上に多く存在していたり、保険がないので高い薬を諦めざるを得ない人たちが多くいました。アメリカでは救急車を呼ぶにもお金がかかり、その金額が払えないので、事故現場で負傷しても、救急車を呼んでくれるな、と頼む人もいるほどです。

軍隊に入ることは、そうした問題の解決策でもあるのです。進学の機会に加え、軍属の保険に入ることができるからです。さらには、軍で何らかの資格を取って、退役後その資格を活かした仕事に就くことさえ可能です。例えば、アメリカの民間航空会社のパイロットは、かなりの率で元空軍パイロットです。これは航空会社側もパイロット養成を一から行わなくて良いために、その人材養成コストを他に回せる、という利点となっています。

貧困に苦しみ、家族旅行などしたことがなく、海外旅行は夢のまた夢……そんな若者に、軍がもたらす進学や生活の保障は大変魅力的に映ります。軍は兵士を勧誘する際、沖縄のような異国の海でマリン・スポーツを楽しむ若い男女の映像を、入隊のプロモーション映像として見せることがあります[16]。こうして、軍とは人生にステップアップの機会を与えてくれ、セーフティーネットとして福祉の一端を担うものになっているのです。

つまり、(正式な)軍隊を持つということは、それを維持するために、社会が軍や兵士に恩義を感じ、尊敬する仕組みが必要であるということなのです(軍隊を持たないはずの日本でも前述の「靖国」などに、こうした仕組みが見えます)。その一方で、軍隊も兵士たちのセーフティーネットとして機能することで、恩義の念を強化します。そうした社会では、軍を批判することは必然的にタブーになってしまうことは、効果的な反核メッセージを伝えるためにも、意識しておく必要があるかと思います。

実際に大学で学生に向き合っていると、軍が教育・医療・その他の場面で福祉を担っているということが日々実感されます。また、軍隊を志願する若者の多くは、往々にして「人の役に立ちたい」という素直な気持ちを持っているのです。私自身は「軍が市井の人の生活を守っている」という言説には与しない立場ですが、他方でこうした軍のセーフティーネットで進学・生活することができる学生の実態や、こうした学生たちの真摯な姿を見ると、複雑な気持ちになることは否めません。

これからの「語り」として、彼らの「軍への恩義」を考慮せずに軍や核兵器の非倫理性を説いても、多くの人の共感を得ることはできないでしょう。しかし、だからといって、「軍への恩義」を肯定した語りでは、軍隊を通して支持されてきた戦争・核兵器に抗う語りは難しくなります。恩義の語りに迎合することなく、核兵器の「絶対悪」を語る道を模索することは、大きな課題です。そうした課題への私なりの答えは、本書の末尾で触れることになります。

自衛としての核兵器

こうした、軍が生活や進学を保障するという制度、軍が我々を守ってくれているという恩義は、アメリカという国において、軍を人々にとって身近で、信頼できる存在へと位置づけています。そしてそれを下地として、「核兵器は自衛の武器」という論説が成立しています。

二回の投下で数十万人の命を奪い、その後も数多くの人々を後遺症で苦しめ、命さえ奪った原爆投下でさえ、「自衛」、つまり原爆投下によって終戦が早まり、結果としてアメリカ人の命を救った。もしそれが無ければ、もっと多くの命が失われていた、という言説がいまだに人口に膾炙しているのも、こうした軍との心理的・社会的関係が強固であるからでしょう(17)。

そして、この「自衛」の理論は核兵器や戦争といった文脈だけでなく、日常でも使われています。例えば、銃の所持・携帯に関する規制などは全く同じ論理で語られています。シカゴ市の例をあげると、市の条例が、市内における銃の携帯、売買を禁じていました。しかし、二〇〇〇年に入ってから――特にシカゴとイリノイ州の銃規制条例に対し――銃規制反対運動において力を持つ全米ライフル協会、通称NRAとそのイリノイ州支部が、「こうした条例は自分の身を守る権利を保障する憲法に反する」と裁判所に訴えを起こしました。結局、裁判は最高裁まで持ち越され、二〇一四年一月六日、最高裁はNRAの憲法解釈を採択し、この条例は違憲である、という判決を出しました。このように自衛／自由の論理、つまり自らの命を守る権利と武器を携帯する権利は非常に強く結びついていて、それが核兵器に及ぶのも不思議ではないでしょう。

とはいえ、このような自衛の論理は、すべての人がその主体となるものではないことは明記しておきたいと思います。NRAが政治的に力を帯び、ロビー活動を通して、その主張が強く誇示され始めたのは、一九五〇年代から六〇年代に興隆した公民権運動後と言われています。実際には、この頃のNRAは必ずしも今のように銃規制の緩和ばかりを求めていたのではありません。むしろ、一九六七年にアフリカ系アメリカ人を主とするグループ、ブラック・パンサーが、カリフォルニア州の州議事堂に抗議のために武装して現れたことで、銃規制を強める方向に進んだのでした。つまり、アフリカ系アメリカ人の銃の保持を規制するという目的でした[18]。

それに加え、当時は、一九六三年のケネディー大統領暗殺や一九六八年のマーティン・ルーサー・キング牧師とロバート・ケネディー上院議員の暗殺などをはじめとした、銃を使った犯罪が世間を揺るがしました。しかしこれに対しても、銃を取り締まるというより、銃で自衛するという方向に向かったことは、アフリカ系アメリカ人の銃は規制し、自らの銃の自衛は温存する、という白人中心的な思想の表れであることは色々な媒体で指摘されています[19]。

ここ数年、アメリカでは生徒や一般市民を狙った学校、スタジアム、ショッピングセンターなどでの、銃による無差別殺人がしばしば起こり、大きな問題となっています。しかしながら、議論の方向は、「安心して勉強できる」「安心して楽しめる」「安心して買い物ができる」といった市民の当たり前の「自由」は考慮されず、「危ない奴」から身を守る「自由」のみが優先されてしまいがちです[20]。

こうした悲劇が起こるたびに銃規制反対派とＮＲＡは「武器自体は悪くない、それを持つ人に十分な理性や管理能力がないことが悪い」という主張をしてきました。この考えは「兵器自体は悪くない、それを持つ国に十分な理性や管理能力がないことが悪い」といった核兵器論と全く呼応しています。

例えて言うと、アメリカにおける銃は、日本における刃物と同じように考えられているのかもしれません。使う人、使い方によって良くも悪くもなる。つまり料理をしたり果物の皮を剝いたりする便利な道具であり、同時に人を傷付ける凶器ともなる。つまりそれ自体はニュートラルなもの、という考え方です。

「アメリカは理性的な民主主義国家なので核兵器を保有してよい。しかし、イスラム法に基づいた神権国家であるイラン[21]、独裁国家である北朝鮮は持つべきでない」というように。

しかしこのような主張は、アメリカが一〇三二回も核実験を行っており、それによって多くの市民に放射線障害が起こってしまっていることを無視しているからこそ成り立つものです[22]。これに比して、直近で核兵器の所有を公表した北朝鮮は、核実験を行った回数は六回です。もちろん、六回だからよい、というのでは決してありません。ただ、技術的な推移や、実験が行われた時期を勘案したとしても、アメリカの圧倒的な実験回数、そしてそれに伴う被害を見れば、アメリカが「理性的」「民主主義国家」であるから、核兵器を所有しても問題ない、という根本的な条件を鵜呑みにすることはできません。

原子力産業そのものが、放射性物質を製造する際のウラン鉱山における被ばくから始まり、ウランの精製、その際に出る放射能廃棄物、廃棄物の運搬、廃棄、と、その始まりから終わりまで一貫して放射能障害を引き起こすものです。そして、その構造は核兵器をはじめ「平和利用」とされる原発であっても同じであることを考えると、その際に地域の人々が「安全に暮らす自由」というものは考慮されません。

こうした原子力にかかわる様々な被ばく被害は、今や全米各地に広がっています。ですがそのことは、アメリカ国内でもほとんど知られていません。それはなぜかと考えると、やはり最初に大きな被害をもたらした広島・長崎の理解（あるいは誤解）によるものが大きいのではないでしょうか。後で触れますが、核の被害を事実として受け入れることが難しいというメンタリティーを生み、再生産されている一つの要因が、この広島・長崎の理解（誤解）なのです。それゆえに、被害の存在を認識し、そして継承するための社会的装置――仮に「記憶の受け皿」と呼んでおきましょう――が、アメリカにはない、ということにつながっていくのです。

記憶の受け皿

原爆に関する「記憶の受け皿」の象徴的な事件として、日本でも話題になった一九九五年のスミソニアン論争があげられます。原爆投下五〇周年に向けて、アメリカ連邦政府が運営するスミソニアンの国立航空宇宙博物館は、原爆に関する展示計画を話し合っていました。この展示計画が発端となって起きた論争は、原爆における集団と集団の物語の齟齬と、集団内の物語の非均一性などを白日のもとに晒しました。

計画によると、主要学芸員のマーティン・ハーウィットは、原爆の展示に際して日本側の視点を加えようと、広島や長崎の資料館から展示物を借り受けることになっていました。しかし、この展示計画を知り、退役軍人の会が筆頭となって、反対の旗印をあげました。彼らの主張は、「自分たちの声がこの展示計画には反映されていない」「誰のための博物館なのか」というものでした[23]。彼らは政治家を動かし、展示の中止を求めました。

この過程で、ハーウィットの出自自体も取りざたされます。イスタンブール生まれでハンガリーの血を引く移民であることから、ハーウィットは「非国民」だと糾弾されます。また、展示計画委員会にカナダ出身者や日本出身の歴史家などが入っていたため、「委員会は「公平」とは言えない」という批判が相次ぎました。その結果、ハーウィットは辞職を余儀なくされ、企画は大幅に変えられて続行することになりました(24)。

最終的に博物館側は、外的プレッシャーを否定しつつ、「宇宙航空博物館」と名乗る以上、人的被害に焦点を当てる展示は博物館の趣旨にそぐわない、という理由から、原爆投下の科学的側面に注目を当てるべきであるとして展示内容を変更。そして、当初予定に無かった、広島に原爆を投下した爆撃機であるエノラ・ゲイの機体展示を決定したのでした。

こうした決定に至るまでの論争では、「博物館の使命とは何か」という命題も話し合われました。博物館は教育機関として、歴史の多面的側面を紹介するべきなのか、あるいは国立の機関として国の物語の再生産に忠実であるべきなのかなどが、激しく議論されました。また、博物館展示の内容に政治家が介入したことで、学問の自由に抵触するのではないか、といった問題も浮上しました。

この論争で明らかになったことは、博物館・美術館の展示において「ニュートラル」という立場はない、ということです。歴史とは単なる事実の羅列ではなく、どういった事実を選択するか、それをどうつなげて語るか、によって構成されているものです。そして、様々な事実や「語り」から、どのように選択し、それらを繋ぎ、可視化していくのか、という学芸員の見解が展示に反映されます。そうした選択と「語り」の一貫性が展示に物語性をもたらすものになるのです。また、物語の大筋は一緒でも、こうした物語を記録・記憶する展示装置――博物館・資料館・子ども向けの施設――の受け手は誰かによっても、学芸員はその語り方や展示の仕方を変えることにもなります。

しかしながら、スミソニアンの場合、こうした慎重で重要な議論が交わされた過程が、その成果に活かされることはありませんでした。その幕引きが示したように、最終的に被害の立場からの視点は「必要ない」、むしろ博物館にとっては「無関係」なものとされてしまったのです。

こうした科学展示において「人的被害」は二次的であるかのように、科学と生身の人間を切り離す語りは、序章で紹介した二〇一七年のシカゴ大学のイベントでも見受けられました。同時期に、シカゴ産業科学博物館で開催された「原子力科学者会報」主催の「時を巻き戻せ」という題名の展示も然りで、原子力について触れる際、放射能被害の問題に目は向けられませんでした[25]。

それは、アメリカには核兵器による被害者が「いない」というアメリカの理解(誤解)に基づくものであり、核兵器の被害者(被ばく者)はアメリカ外の存在、「他者」とされ「国民の物語」からは排除されてきたからでしょう。だからこそ、あれだけの数の実験を自国でしておいて(自国民を核兵器で攻撃しておいて)、それらの実験は他国からの攻撃を避けるためのものだ、という本末転倒な核抑止論という物語が支持されてきているのだと思います。

アメリカの内部には原爆の被害者はいない、だから被ばく者の視点はアメリカ人に必要ではなく、記憶すべきはアメリカの威信たる科学的達成としての原爆、というわけです。

実際には、広島では被ばくした日系アメリカ人(アメリカ生まれの日系二世)が四〇〇〇人近くいたことがわかっていますし、[26] 一二人のアメリカ人捕虜がいたことも知られています。[27] それだけでなく、先にも少し触れたように、核実験を通じてアメリカ国内で被ばくした人々も大勢います。こうした事実は覆い隠され、当時も今もあまり公にされることはありません。もちろんアメリカ国内にも、人権などの平和に特化した博物館・美術館が存在し、原爆展を主催してくれたところもあります。しかし、原爆の被害に特化した常設展はありません。

このことは、原爆に関して苦しみを共有し、その苦しみを伝えていく恒久的な場が存在しないということも意味します。被ばく者の方がアメリカに来て、その苦しみや事実を伝えても、それがどうしても一過性になってしまうのは、その記憶を語り継ぐ恒常的な「記憶の受け皿」が無いことにも起因するかと思います。

私が授業の一環として被ばく者の方をお呼びして話していただいたり、学生を日本に連れて行ったりする活動を行うのも、将来の「受け皿」作りの準備と考えてのことですが、こうした活動を通して実感するのは、一過性でない、継続する「記憶の受け皿」を、このアメリカで作っていくにはどうすればよいのだろう、ということです。

ただ、二五年前のスミソニアン論争以降、状況が全く変わっていないわけではありません。日本史研究者のジョン・ダワーが中心となって、被ばく者の方が描いた絵を集めたマサチューセッツ工科大学のウェブサイト、「グラウンド・ゼロ1945」は、画期的な試みといえましょう。[28] 実際の建物ではありませんが、こうしてインターネット上に「受け皿」を作っていくのも、これからの活動の大きな示唆となるかもしれません。

ここまで紹介したように、アメリカは軍が身近な存在であり、特に格差のセーフティーネットとして働いている側面があります。それに対して、市民もまた、軍は自分たちを守るものとして恩義を感じている、だから敬意を表する、という社会的通念を自明の理として受け取っています。そんな軍が所持している核兵器批判を、心情的に難しく感じる人も多く、それが、かつての原爆投下を「自衛のため」と正当化することに密接につながっています。

原爆正当化の言説がいまだに特別なものでなく、かなり一般的であるのは、軍や博物館といった「受け皿」を通して、正当化の言説が語り継がれてきた背景があるからと言えます。

しかし、こうした言説が無条件に生まれ、現在に至るまで支持されてきたわけではありません。様々な政策の結果として、正当化の認識は形作られたのです。その中でも、特に一九四〇年代終わりから一九五〇年代に作られた、あるいは補強された論説、つまり核が徹底的に平和・自衛と結びつけられ、それがアメリカという国の軍事的存亡だけでなく、科学技術力という意味でも重要な意味づけをされたことは、現在の核論説の日米間の齟齬を考える際に重要です。

その時代を振り返ることで、アメリカの「語り」の形成過程を再確認し、伝わりやすい核の被害の「語り」を考えること、その「受け皿」の仕組みを考えていくことができるかと思います。そこで次章では、一九五〇年代を中心に、アメリカの原子力に関する語りの形成とそれに伴う方策を見ていきます。

［注］

（1）これらの州に加え、アメリカ東部としてカウントされるペンシルヴァニア州は一九八〇年頃から「錆びついた一帯」と呼ばれ始めました。かつては鉄鋼業で栄え、ブルー・カラーのアメリカ人が中産階級の暮らしを維持していましたが、その衰退に伴い職が激減し、貧困に喘ぐ人たちが増えたことからの呼び名です。この地域の労働者は、伝統的に労働問題を取り上げることの多かった民主党を支持していましたが、今ではすっかり様相が変わっています。J.D. Vance, ***Hillbilly Elegy: A Memoir of a Family and Culture in Crisis***（New York: Harper, 2016）（邦訳あり：関根光宏・山田文訳『ヒルビリー・エレジー――アメリカの繁栄から取り残された白人たち』光文社、二〇一七年）.

（2）例えば、反ユダヤを標榜しネオナチを支持し、白人至上主義を掲げ台頭してきた「オルタナ右翼」は現状を「白人種の大虐殺」などと表現しています。「オルタナ右翼」の立役者とも言えるリチャード・スペンサーがシカゴ大学で修士課程を、その後デューク大学の歴史学の博士課程（中退）していたことは、こうした運動が白人労働者階級だけのものではないことを示唆しています。参考文献としてViveca S. Greene, "'Deplorable' Satire: Alt-Right Memes, White Genocide Tweets, and Redpilling Normies" ***Studies in American Humor***, vol. 5, no. 1（2019）: 31-69.

（3）とはいえ、現在、アメリカの大学では性別を男女二項対立的に分けることに不満を持つ学生も多くなってきており、寮も男女別のものと、男女に分けることに反対する学生のための男女混合寮（相部屋も）があったり、男女別に分けられていないお手洗いも増えていますので、こうした男女による統計も数年後には意味をなさなくなるかもしれません。

（4）シカゴ大学の学費については、"University of Chicago Cracks $80,000-A-Year Mark For Total College Costs"（https://chicago.cbslocal.com/2019/09/04/university-of-chicago-college-costs/）を参照。

（5）Pete D'Amato, "University of Chicago projected to be the first U.S. university to cost $100,000 a year" ***The Hechinger Report***, 30 October 2019 (https://hechingerreport.org/university-of-chicago-projected-to-be-the-first-u-s-university-to-charge-100000-a-year/).

（6）https://www.mext.go.jp/a_menu/koutou/shinkou/07021403/1412031.htm および https://www.mext.go.jp/component/a_menu/education/detail/__icsFiles/afieldfile/2019/10/10/1284481_10_1.pdf

（7）Federal Student Aid 教育省の連邦政府学生援助ウェブサイト（https://studentaid.ed.gov/sa/types/loans/interest-rates）より。

（8）University of Chicago G.I. Bill® Tuition Assistance (https://www.collegefactual.com/colleges/university-of-chicago/paying-for-college/veterans/).

（9）海軍のＲＯＴＣ卒業者が海兵隊や沿岸警備隊の将校となることはあります。

（10）シカゴ大学の特に学部生たちは、アジア系アメリカ人が多く（東アジアからインド、パキスタンまでを含む）、彼らは移民の二世、三世であり、特に恵まれた階級ではない場合でも、軍隊という選択肢が親の側にも無い場合が多いこともあるかと思います。アメリカのアイビーリーグをはじめとする大学にはアジア系学生が多いのは、アジア系の家庭が教育に力を入れているからだ、と考えられていますが、例えばハーバード大学は、アジア系アメリカ人の学生が増えすぎたので、彼らを入学させないようにしている、とアジア系アメリカン人のグループから訴えられました。しかし、これは二〇一九年、ボストンの地方裁判所で、ハーバードの入学規律は憲法に違反していないとの判決が下されました。Anemona Hartocollis, "Harvard Does Not Discriminate Against Asian-Americans in Admissions, Judge Rules" ***The New York Times***, 1 October 2019 (https://www.nytimes.com/2019/10/01/us/harvard-admissions-lawsuit.html).

(11) 原文は"I also ask that yu pray and honor those that are serving today standing guard so that you and I may sleep safely at night and enjoy the freedoms that they and those before them have fought to preserve."

(12) 例えば、世界大戦間のドイツを中心とし地域を研究したGeorge L. Mosseの著作など。George L. Mosse, ***Fallen Soldiers: Reshaping the Memory of the World Wars*** (New York: Oxford University Press, 1990)(邦訳あり：宮武実知子訳『英霊――創られた世界大戦の記憶』柏書房、二〇〇二年).

(13) 六〇年代の市民運動の一環として、カリフォルニア大学バークレー校の学生だったエド・ロバーツらが始めた障がい者達が街へ出たり、健常者の学生と一緒に勉強したりする権利は大きな影響を与えた反面、退役軍人達は既に電動車椅子を使用していました。詳しくはNational Public Radioの以下のプログラムを参照。"Episode 308: Curb Cuts" (〝エピソード三〇八：歩道の端を滑らかな坂に〟) ***99% Invisible*** (http://www.ourplanet-tv.org/?q=node/2256).

(14) サーリンは、社会のシステム(義肢や、上記の例で言えば車椅子対応のバスなど)が整うことで差別や偏見が薄れてゆくという、身体と社会の受容性(あるいは不寛容性)の関係を紐解いています。David Serlin, ***Replaceable You: Engineering the Body in Postwar America*** (Chicago: University of Chicago Press, 2004).

(15) アメリカの貧困については、二〇〇二年から二〇〇八年に放送されたテレビ番組「ザ・ワイヤー」が知られています。メリーランド州バルティモアの政治、教育、警察の現実を、そこに登場する貧困層の凄まじさ(引っ越せばいい、というものではない仕組み)とともに、丹念に描写したことでカルト的人気を得ました。また日本でも知られるボクサー、マイク・タイソンの半生を追った二〇〇八年のドキュメンタリー「タイソン」で彼は、生まれ育った地域には一九歳以上の男性がいなかった、と言っています。というのは、一九歳以上の男性は刑務所に服役しているか殺されているかだったから、と証言しています。James Toback ***Tyson***, 2008.

(16) ドキュメンタリー映画、藤本幸久『アメリカばんざい Crazy as Usual』(二〇〇八年)参照。

(17) オリンピック作戦と銘打たれた、日本上陸作戦については、おそらく実行されなかっただろう、とする論文もあります。Adam Goodheart, "The Invasion That Never Was" in ***Hiroshima's Shadow: Writings on the Denial of History and the Smithsonian Controversy*** (Stony Creek; CT: The Pamphletter's Press, 1998): 135-140.

(18) "This was part of an effort to keep guns out of the hands of African-Americans as racial tensions in the nation grew." Thad Morgan, "The NRA Supported Gun Control When the Black Panthers Had the Weapons" 30 August 2018 (original: 22 March 2018) in ***History*** (https://www.history.com/news/black-panthers-gun-control-nra-support-mulford-act).

(19) 例えば、比較的最近で入手しやすい記事として、Rich Benjamin, "Gun Control, White Paranoia, and the Death of Martin Luther King, Jr." ***The New Yorker***, 3 April 2018 (https://www.newyorker.com/news/news-desk/gun-control-white-paranoia-and-the-death-of-martin-luther-king-jr).

(20) ひどい例ですが、テキサス州では、(自衛のため)銃を大学構内に持って入って良いという条例が二〇一六年八月に施行されたため、州の条例を遵守するべき州立大学では構内への銃持ち込みを容認するしかなくなりました。あるいは、教員に銃の扱い方の訓練を義務付けてはどうか、という議論もあり、オハイオ州ではＮＧＯが、教員を対象とした銃の扱い方のワークショップを開いています。

(21) イランは二〇一九年時点で核兵器を保有していませんが、ＩＡＥＡの仲介により原発はあります。けれども、イランが核兵器を持っていると思っている学生が何と多いことか!

（22）ここでは、爆発を伴わない臨界前核実験は数えません。各国の核実験回数については、序章注19参照。

（23）第二次世界大戦中従軍し、アジアに派遣された歴史家の回顧録は、この論争以前のものですが、退役軍人の声の一つと言えます。序章注16で言及したFussell, *Thank God for the Atom Bomb* を参照。

（24）Edward T. Linenthal and Tom Engelhardt eds, *History Wars: The Enola Gay and Other Battles for the American Past*（New York: Henry Holt, 1996）.

（25）"June 2017 through June 2019: Turn Back the Clock at the Museum of Science and Industry, Chicago" *Bulletin of the Atomic Scientists*（https://thebulletin. org/doomsday-clock/museum-exhibit/）.

（26）一九四四年時点での数字ではあるものの、すでに国交が途絶えていたアメリカに帰国した日系アメリカ人はいないと思われます。数字はRinjirō Sodei, *Were We the Enemy? American Survivors of Hiroshima*（New York: Persus, 2000）（原書：袖井林二郎『私たちは敵だったのか――在米ヒバクシャの黙示録』潮出版社、一九七八年）等より。戦時中、日本に居住していたことで、彼らの多くはアメリカの市民権を失っていましたが、後に市民権を取り直した人びとも大勢いました。

（27）もちろん、アメリカ人だけでなく、民族的、国籍が日本人とされていなかった被ばく者は大勢います。例えば、広島の被ばく者の一割以上は朝鮮半島出身者と言われています。彼ら以外にも、南方特別留学生が広島大学に在籍していたり、長崎では一五〇人近いオランダ兵士がいました。彼らオランダ兵の多くは、ダーク・ダッチ（黒いオランダ人）の蔑称をつけられたオランダ植民地下のインドネシアの人たちでした。

（28）https://visualizingcultures. mit. edu/groundzero1945/index. html

第四章　「核の平和利用」言説——反共としての宗教政策

転換の一九五〇年代

　前章では、軍隊を中心とした原爆と核兵器に関する論説が、一朝一夕にできたわけではないことを見てきました。アメリカにおいて原爆に対する認識は、一枚岩でも、不変であったわけでもありません。例えば一、二章でも触れた、一九四六年『ニューヨーカー』誌のジョン・ハーシーの記事「ヒロシマ」は、アメリカの読者層に原爆の人的被害を知らしめるきっかけとなりましたし、核保有に反対する世論や、原爆の非人道性を訴える学者、宗教者、ジャーナリストの存在もありました。

　冷戦最中の一九八二年六月一二日、ニューヨークでの反核デモは、五〇万人が参加したと言われています[1]。にもかかわらず、こうした運動は冷戦中も散発的に盛り上がったものの一過性で終わってしまい、長く注目が集まり続けることはありませんでした。これは、核兵器による実際の被害——広島・長崎、マーシャル諸島、そしてアメリカ国内——に着目するのではなく、「ソ連の核攻撃がいつあるかもしれない」という冷戦の恐怖をスローガンとしていたからだと思われます。実際、こうした動きが皮肉にも翌年のレーガン大統領による戦略防衛構想、通称スター・ウォーズ計画へと結実し、核の先制攻撃に備える軍備増強につながってしまいました。

この例にも見られるように、アメリカでの核論説は、「(仮想)敵」——対ソ連、対共産圏——と不可分です。一九四九年のソ連による原爆実験の成功は、それまで少なからず原爆投下に批判的だったアメリカ内の論説を「必要悪」へと変換した一因でもあります。実験の成功が、反共キャンペーンとしての核の「語り」、すなわち「核攻撃が怖いから反核」という反応、そしてのちに強固なものとなっていく「核攻撃が怖いからこそ核軍備」という言説に使われ、この時期以降、ソ連や共産主義を「脅威」として描くことで、それらの脅威から「身を守る」ためのやむなき道具、つまり「必要悪」として核兵器を見なす語り方が支配的になっていきます。このように、核に付随する「自衛」のイメージが、少しずつ固定化されたのが一九五〇年代と言えるでしょう。

しかし、それは「核の平和利用」と表裏一体であったこと、「自衛」のイメージのためにも「核の平和利用」言説が必要であったことは、前の章でも見てきました。エンターテインメントとしての言説を中心にした二章や、アメリカの人々にとって身近な軍隊との関わりから言説を見た三章とは異なり、ここでは、あまり語られない、原子力と「宗教政策」の関係を見ていくことで、原子力を支持することが「市民道徳」として広く受け入れられていく過程を確認していきます。

すでに原爆製造を成功させていたアメリカは、一九四五年八月六日のトルーマンの宣言にもあるように(2)、原子力をエネルギー源として使うこと、そして将来は電力として普及させることに取りかかっていましたので、エネルギーとしての核と、反共としての核を共存させるための「語り」を必要としていました。「核の平和利用」というアイゼンハワーが使ったフレーズは、一九四〇年にはすでに、マンハッタン計画で重要な役目を果たしたテネシー州のオークリッジ研究所で使われていました。

一九五〇年代のＳＦ映画を研究している英文学者のシンディー・ヘンダーショットは、この時代に「破壊者」あるいは「救世主」という両極端なイメージが核に対してつけられることを紹介しています。[3] これは、核兵器が「破壊」で核の平和利用（原発）が「救世主」と捉えられがちだった日本での二項対立的なイメージとは違って、[4] 核兵器そのもの、あるいは原子力そのものが「破壊者」であり「救世主」である、という両義的な理解です。つまり、二章で見たように、核兵器を含む原子力は「力」の源であり、それは「破壊」にもなれば「救世主」にもなるものなのです。

こうした核の捉え方の両義性は、核兵器の反対派・擁護派、それぞれの論理にも対応します。冷戦期、散発的に盛り上がりを見せた反核運動は、敵の核兵器に焦点を当て、その使用は「破壊」につながるから廃絶につなげていきましょう、という論旨であった一方で、核抑止論者は、核は「我々を守るもの」という救世主的な役割を核兵器に見ているのです。

このように、四〇年代に端を発する原爆論説が五〇年代に入り、さらに強化されていく過程をアメリカの核政策と一緒に見ていきましょう。

五〇年代のアメリカ核政策

朝鮮戦争で幕を開けた五〇年代は、戦勝終結のため朝鮮半島で再び核を使用する是非について議論がなされた時でした。その後、一九五三年一二月にニューヨークで開かれた国連総会での、アイゼンハワー大統領による「核の平和利用」演説前後から、アメリカは世界的に原子力推進キャンペーンを展開していきます。その一環として、「原子力平和利用博覧会」が日本でもで大々的に行われたこと、広島もその開催地として官民あげて協力したことなどは、広く知られているところです(5)。

五〇年代は、原子力の応用が実践化されていく時でもありました。原子力を動力とする原子力潜水艦は、すでに一九五一年、トルーマンの元で発注され、完成は三年後、アイゼンハワー政権に移行した一九五四年に進水式が行われました。またプルート計画と呼ばれる、原子力を動力とした戦闘機の開発を担う三つのプロジェクト・チームが一九五一年、一九五五年、一九五七年に誕生しています(6)。

さらに、アイゼンハワーの大統領就任時には一〇〇〇発程度だったアメリカの核兵器保有数は、彼の在任中に二二倍の二万二〇〇〇発ほどにまで増強されました(7)。これに伴い、一九五〇年までは六回だった核実験の回数も、アイゼンハワー在任中の二期八年間に一六二回行われ、明らかに武器としての核の開発・拡充を大きく進めていたのです(8)。これは、強力な武器を持つことで、兵

図 4-1　1953 年 12 月 8 日の国連総会で「核の平和利用」の演説をするアイゼンハワー大統領
写真提供：Nuclear Regulatory Commission from US

士や軍の設備にかかる費用の節約を意図した彼の政策が実現化されたものです。こうして、核の存在を浸透させたアイゼンハワーですが、退任時には「軍産複合体」の台頭に注意を促す演説をしており、核政策の複雑さを垣間見せています。

つまるところアイゼンハワーの「核の平和利用」の演説の裏では、「核の軍事利用」が同時進行で着々と進んでいたのです。そして、これは、「軍事利用」と「平和利用」が裏表の関係、というよりも、「平和利用」と謳われた原子力発電も、採掘段階から被ばくを余儀なくする核というものを動力としているという点、また軍事利用と同じ技術を共有しているという点で同列なのです。核の軍事利用が平和利用としてエネルギー源に転用されたように、またその「平和な」エネルギー源が原子力潜水艦や原子力戦闘機の動力として使われたように。

ここで「平和」という概念の捉え方が、日米で必ずしも同じでない、とした一章の説明に、もう一度触れておきたいと思います。「平和」はアメリカの軍事力で守られている、とする冷戦下のパックス・アメリカーナ的思想のもとでは、「破壊」と「救世主」が相反する概念ではなかったように、「軍事」と「平和」は必ずしも矛盾する概念ではありません。日本で「平和」と「軍事」とは相入れない、と広く考えられている点と大いに違うことは、心に留めておきたいところです。

この「破壊」と「救世主」の象徴としての核兵器をイメージづけるのに、「赤狩り」などで知られるアメリカの反共政策が一役も二役も買っています。つまり、核兵器廃絶は国力低下を招き、共産主義の侵略に繋がる、といったイメージで、核兵器を捉えたことです。核兵器を、仮想敵としてのソ連、あるいは共産主義一般から守るものとして人々に刷り込むことで、自国の核兵器は自衛手段、我々を救う救世主としてのイメージが浸透していきました。

この核論説と反共政策を支えるものとして、市民道徳としての宗教(キリスト教)が大きく関与していることを見ていきましょう。

アイゼンハワーのキリスト教による原爆論説

そもそも、アメリカにおいて公における宗教の影響力はかなり大きいものです。例えば、神が天地、そして人間を創ったという聖書の記述を根拠に、公立学校でダーウィンの進化論を教えるべきでないという主張は、一九二五年のスコープス裁判（通称モンキー裁判）以来、現在でもなされています。

そこで、以下ではアイゼンハワー自身の宗教観から、彼が推進した宗教政策、そして、それが及ぼしたアメリカにおける原子力理解を見ていきます。

その前段階として挙げておきたいのは、アイゼンハワーの前任者であるトルーマンも、長崎原爆投下のまさにその日のラジオ放送で、神について言及していることです。核兵器の危険性を喚起した後で、原爆の正当化として、「原爆の使用は神から与えられた責任である」と言っています。さらに彼は「我々はこの新しい力が間違って使われないように、そして人類へ貢献するように管理しなくてはいけない。これは大変な責任を伴う仕事です。そして我々は、この責任が、敵国ではなく我々に任されたことを神に感謝するとともに、神がその使用と目的において、我々を正しく導いてくださるように祈ります」[9]と続きます。トルーマン自身はあまり教会には行かない、と言っていましたが[10]、この一九四〇年代からのアメリカは、宗教復興の兆しを見せていました。

例えば、一九一〇年に「教会に属している」と答えたアメリカ人は四三％でしたが、一九四〇年には四九％、一九五〇年には五七％、さらに一九六〇年には六九％と国民の七割に達しようとしています[11]。付け加えておくと、一九五二年の世論調査では七五％のアメリカ市民が、宗教は「とても大切」だと考えていて、一九五七年には八一％もが、宗教は現在の世界状況に大いに関係がある、としています[12]。

これは、一〇代で大恐慌に遭い、第二次世界大戦で兵卒として従軍した世代が、戦後、家族で教会に行くことを「普通の暮らし」の雛形として受け止めたためと言われています[13]。

しかし、こうした宗教を身近なものとする家族像が「普通」で「雛形」と考えられたことは、自然発生的なものではなく、色々な政策の結果とも言えます。一九四九年には非営利団体の広告機構が、「生活に宗教を」というキャンペーンを行い、市民に教会やシナゴーグへ行くよう勧めました。一九五六年には一〇万件近く、こうした宗教心を促す新聞広告が打たれています[14]。アイゼンハワーはこのような国民感情を上手に汲み取り、さらに強化したと言えるでしょう。

「アイク」の愛称で知られたアイゼンハワーは、非暴力・平和主義を掲げるキリスト教のブレザレン教会の一派に属する家族のもとに生まれましたが、彼自身は特に熱心な信者ではなかったようです。彼の宗派「リバー・ブレザレン」は安息日を厳格に遵守しますが、彼はほとんど教会に出席せず、宗派が喫煙を禁止しているにもかかわらずヘビー・スモーカーで知られ、一番多いときは一日に四箱のキャメルを吸っていた、と言われています。彼の母親は、教会の教えから「戦争は悪魔の仕業」と主張する非暴力主義者で、他の教会員の多くも、第二次世界大戦中、良心的兵役拒否を選択していました。にもかかわらず、アイゼンハワー自身は親族で唯一軍隊に入隊したのでした。

大統領選挙の際も、「宗派を政治の道具にしたくない」との理由で、自分自身はどの教会にも属していないことを公表していました。しかし、この中立政策が功を奏し、結果的には分裂していた多くのキリスト教宗派の支持を受けることができたのでした。蓋を開けてみると、対立する民主党候補のアドレイ・スティーブンソンが知事を勤めていたイリノイ州まで、共和党のアイゼンハワーに投票するという結果となり、この大統領選で、アイゼンハワーは歴史的勝利を収めたのです。

アイゼンハワーは、大統領に選出されてから洗礼を受けた唯一の大統領ですが、その際には妻のマミーが所属していた長老派教会を選びました。しかし、この決断も彼一人によるものではなく、当時若くして人気を博していた巡回説教者のビリー・グラハムから、「とにかく、どこでもいいから(大統領として)教会に属していないとまずい」という強い提言を受けたためでした。

このグラハムは、トルーマンからオバマに至るまで、歴代の大統領の精神的相談役を勤めていた影響力の大きい人物です。なかでもアイゼンハワーとは、一九五〇年代のアメリカで一番の富豪とされた、石油王シド・リチャードソンに金銭面の援助を受けている、という共通の縁があったことから、特別親しくしていました。アイゼンハワーが選挙中に使ったフレーズ「アメリカと世界の自由のための十字軍兵士」は、グラハムの提言からヒントを得たもので、キリスト教徒の琴線に訴えるものだったようです[15]。

図 4-2 アイゼンハワーの「核の平和利用」演説からの引用が印刷されたアメリカの切手. 1955 年発売

大統領に選出されたアイゼンハワーは、一九五四年、アメリカの義務教育（小・中・高）で一八九二年以来唱和されている「忠誠の誓い」に、新しい文言「神の下の（国民）」を加えることにしました。「忠誠の誓い」そのものは、元バプティスト派の牧師をしていたフランシス・ベラミーによって最初のバージョンが起草されました。彼は、アメリカにおいて「自由」の観念が、企業により人を抑圧するものとして悪用されていることに警鐘を鳴らし、自由を全市民の平等な暮しのために使おう、と若者を啓蒙する活動に力を入れており、その活動に専念するため「忠誠の誓い」の起草前年に、牧師の職を辞していました。彼のいとこ――社会主義小説として知られる『顧みれば』を書いたエドワード・ベラミー――同様、フランシスもキリスト教社会主義に傾倒していたのです。

ちょうどコロンブスのアメリカ上陸四〇〇年を記念する事業にも関わっていたベラミーは、記念行事として全国の学校の校舎にアメリカの国旗を掲げ、集会を開くことを企画しました。それが議会で認められると、この記念行事のために国旗に忠誠を誓う言葉が要るのではないか、と考え、以下の文言を書き上げます。

国旗に対し、またこの国旗が依って立つ所の共和国――分かつことのできないこの国民国家――に対し、全国民に対する自由と正義を持って忠誠を誓います。(16)

移民で構成されているという意識のある国家にとって、常に国民の忠誠を喚起することは重要なことでした。その際、言葉だけでなく目で見えるシンボルとして国旗が重用されたことが、この文言からもわかります[17]。

とはいえ、この宣言が公の誓いとして採択されるのは、第二次世界大戦後の一九四五年一二月でした。それまでは、色々な誓いのバージョンがそれぞれの学校で唱和されていましたが、そのどれも「神」に触れたものはありませんでした。

この「誓い」に新しく「神の下の(国民)」というフレーズを挿入したのは、共産圏が「神なき国々」と呼ばれていたことに呼応してのことで、一九五四年、アイゼンハワー政権によるものでした。反共の文脈で、「共産圏とは違うアメリカ」を強調するために、そして宗教が市民の道徳心(すなわち愛国心)と同根であるかのように、宗教の記述が巧みに導入されたといえます。

またその二年後には、一七八二年以来国のモットーとして使われてきた「多数から一つへ」(E Pluribus unum)の標語が、「我々は神を信ずる」(In God We Trust)へと変更する採択が議会で承認され、アイゼンハワーの宗教政策をさらに推進しました。このモットーはアメリカの全ての硬貨と紙幣に刻印・印刷されてあることから、目にした人も多いのではないでしょうか。硬貨の文言自体は南北戦争後に刻印されたものですが、毎日目にする貨幣に書かれた文言を、国のモットーとして採択することで、「神」への信仰、経済活動、愛国心とは矛盾しないというメッセージともなりました。これもアイゼンハワーが、「神無き共産主義vs神を信じる自由のある資本主義」の姿勢を明らかにした反共政策の一環といえます。

その他、二月の第一木曜日に行われる「国家朝餐祈禱集会」は、国内及び一〇〇カ国を越す国からの三五〇〇名の招待客が参加する一大行事で、アメリカの大統領も出席する華やかなものとして知られています。この行事に最初に参加した大統領がアイゼンハワーでした。彼が一九五三年に先鞭をつけ、後続の大統領も参加を続け、現在に至り、今では伝統行事となっているのです。

宗教が反共政策として、政治の中枢に入り込む。そして、これまで挙げた教育政策や行事、モットーに見られるように、アメリカ社会の市民道徳（愛国心）の再建の道具としても使われているのです。そして、その延長として、宗教の下支えのもと、アメリカの原爆論説・核兵器理解が構築されていきます。

核と宗教

このように宗教が人々の暮らしに大きな比重を占めていることを背景に、アイゼンハワーは、宗教をどのように用いて、核兵器理解へとつなげたのでしょうか。

重要な指摘をしているのが、宗教倫理の研究者であるエイミー・ローラ・ホールです。彼女は、この時代の核理解に欠かせないものとして、一九五〇年代の二つの映像作品をあげています。一つは一九五三年にGEが制作した教育ビデオ、第二章で紹介した「AはアトムのA」、そしてもう一つが、一九五五年の「善の力としての原子力」です。[18]

この二つは、アイゼンハワー政権期に公開されたものの中で、特に大きな影響力を持ちました。さらに言うと、前者「AはアトムのA」は、後に絵本やアニメーション映画として人気を博したディズニー作品「ぼくらの友達、原子力」の元となっていることからも、その影響力がわかることでしょう（この作品は、当時日本でも有名になりました）。そして、「善の力としての原子力」は、一連の原子力を取り上げた作品の中で、アニメーションを使わないドラマ仕立てとなっています。二章でも分析した通り、「AはアトムのA」が「核の平和利用」演説と同じ年にリリースされたことは偶然ではなく、わかりやすく原子力の仕組みを解き、その有用性を訴えるという意味で、このビデオが演説を補完する形になっています。実際に、アイゼンハワーの演説が次のように締めくくられていることを確認しておきましょう。「アメリカは、この人類による奇跡的な発明が、人間を滅ぼすためではなく、人間の命を神聖なものとして扱うための使用を模索することに全力を尽くします[19]」と。後述するように、この論理が、「AはアトムのA」や「善の力としての原子力」にも通底しています。

核兵器の非人道的な犠牲を隠蔽しつつ、「中立的に」用いることを強調するために用いられる「AはアトムのA」が一五分程度のアニメーションであったのに対し、「善の力としての原子力」という物語は長さもほぼ倍の二八分で、俳優が演じています。それだけではなく、核兵器が巧妙な論理をもって支持されていく過程を、より詳細に示しています。

簡単にあらすじをご紹介しましょう。核実験場施設の近くに住む牧場主の男性ジョン・ヴァーノンは、娘と孫娘と一緒に暮らしています。明確にはされないのですが、どうやら孫娘ヴィヴィアンは何らかの病を患っているようです。ある日、ヴィヴィアンの病院診察からの帰り道、三人は原爆実験を目の当たりにします。「ヴィヴィアンが怖がるから引き返しましょう」、という娘に対して、ヴァーノンは急いでいて時間がないこと、「ヴィヴィアンには意味がわからないから花火のようなものだ。怖がっているのは私たちだ」と軽くいなしたその瞬間に閃光が走ります（**図4-3**上段）。

その後、自分たちの牧場に戻ると、アメリカ原子力委員会（AEC）の男性が訪れ、町に核施設を建設するための用地買収をしており、ヴァーノンの牧場を売って欲しいと交渉をしてきます。彼を追い返したヴァーノンが町の仲間に尋ねてみると、この男は、この交渉を町中で行っており、町民たちは「工場を誘致できれば立派な学校や病院がこの街にできる」という賛成派と、「悪魔の兵器を作ることに加担するべきでない」という反対派とに分かれていました。

こうした動きの中で、用地買収に応じるか否か、町民投票が行われることになります。投票を前に開かれた集会で、ヴァーノンは反対派として「お金はあるに越したことはないが、他人の不幸の上に富を築くなんてことは、今までこの町の連中はしたことがない。（略）原爆によって富を築く我々はどんな人間になるだろう」と意見をあげ、参加者は反対に票を投じることで合意します。これを知った地元選出の国会議員メイナードが、原子力の専門家であるカラーズ教授と一緒にその町を訪ね、ヴァーノンを説得しようとします。しかし、原子力は制御できるとする教授の言葉もヴァーノンの決断を翻すには至りません（**図4-3**中段）。

そこで、カラーズ教授は放射性ヨウ素が甲状腺癌に効くことや、医療現場における放射線の使用を説明します。ここで初めてヴァーノンの孫娘、ヴィヴィアンは、なんらかの癌の診断を受けていて、それで遠くの病院まで通っていたことが明かされます。孫娘の病状を知ったカラーズと

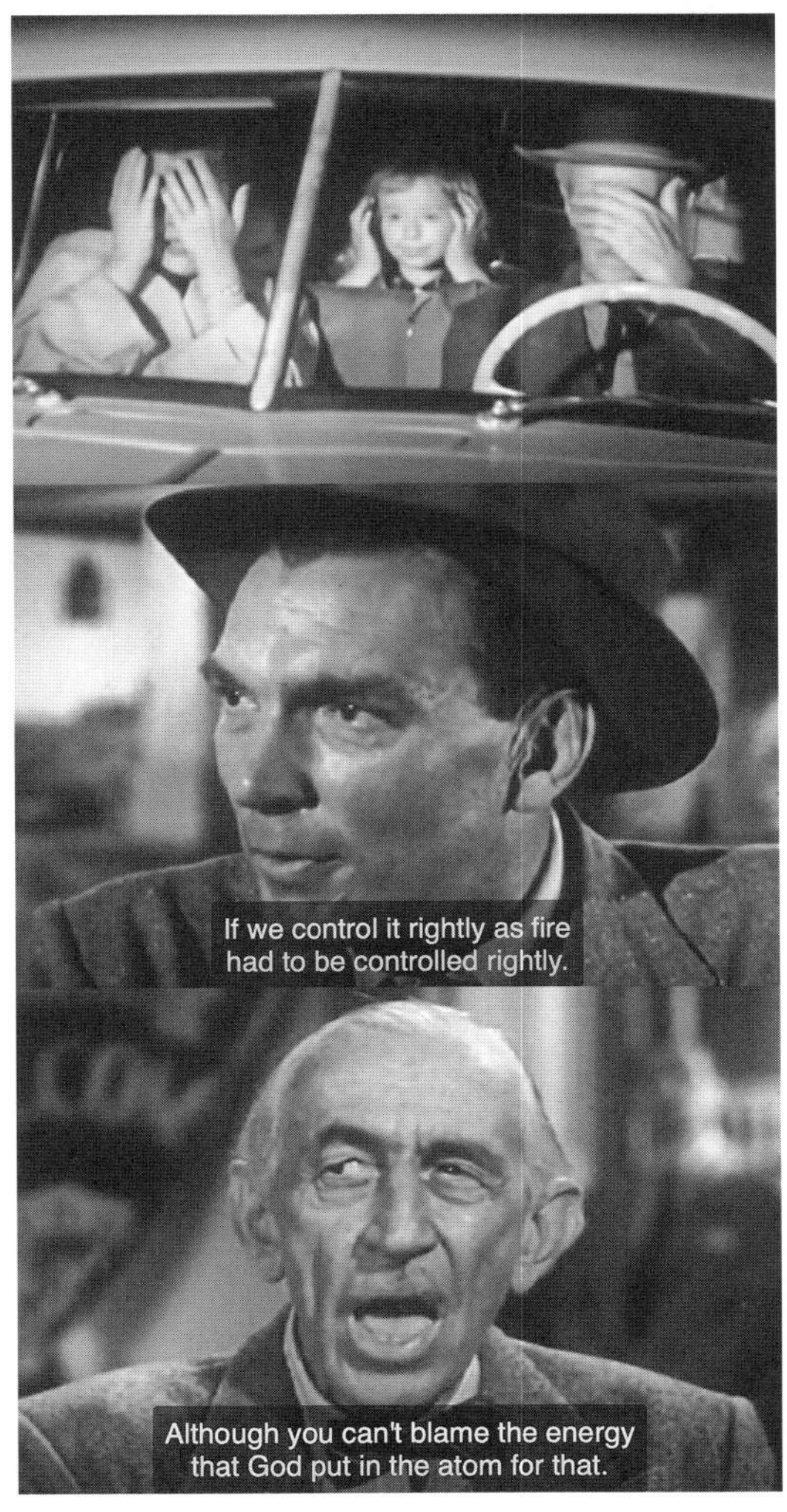

図 4-3　映画「善の力としての原子力」より
上段：核実験による閃光から顔を覆うヴァーノン一家
中段：広島で起こった悲劇，原子力の破壊力を理解しつつも，制御が大事だ，と主張するカラーズ教授
下段：「神のせいにはできない」と言う町民

メイナードは、癌患者にアイソトープ治療をしているニューヨークの医者を紹介する、とヴァーノンに申し出ます。

原子力を用いた医療が孫の命を救えることを知ったヴァーノンは、原爆の工場誘致に賛成票を投じることを決めます。そして、もう一度開かれた集会で、ヴァーノンは自分が決意を変えた理由を話します。破壊をもたらすだけのものだと思っていた原子力が、少女の命を救うこともできる(まさに救世主のイメージ)ことがわかったからだ、と。

この話し合いで、ヴァーノンの意見に影響を受けて、自らも反対から賛成に票を転じた町民が次のような発言をします。「わしは、悪魔の仕業である核のエネルギーには反対だったが、間違っていたようだ。原子をお作りになったのは神様だ。今ならわかるが、神は丘や海、そして命そのものを作ったのと全く同じように原子をお作りになった。神は悪にしか使えないものをお作りになるはずがない」。この意見に対して、広島の惨状を見てきた町民が口を挟みます。「それには全く同意するけど、じゃあ、広島はどうだと言うんだい?」。彼の発言に男は「神が原子に注がれたエネルギーのせいにすることはできないよ。責められるべきは、我々人間だろう。戦争を起こし、神がお与えになったものを破壊に使ってしまったのだから」(図4-3下段)。

こうしてこの作品は幕を閉じます。アメリカのキリスト教徒の原爆に関する良心的見解もすくい上げておきながら、それが論破されていく構図は、無批判に原爆を称揚するものと一線を画し、むしろ巧妙です。それゆえに、なかなかに影響力があったのではないかと思います。しかし、繰り返されているのは二章で見たように、原子力の中立性と、「それをどう使うかは人間次第」といったテーマです。

また、この映画で特徴的なのは、「原爆投下はすでに起こってしまったことだ」という理解です。それは変えられない、だからこそ、前向きなものをそこから作り上げなくてはいけない、という「語り」は、原爆による被害への罪悪感を転換する役目を担っています。何事にも意味があり、それを前向きなものにしていくのは人間だ、という、またしても核兵器中立論に似た論旨が展開されています。だからこそ人間の道徳性が大事になる、という戦後アメリカの道徳の再建――それは往々にして宗教政策と重なるのですが――にも一役買っています。

核という計り知れない力を持つものを手にしてしまった人類(アメリカ)は、だからこそ正しくその力を使えるように(制御できるように)正しい人間でなくてはならない、という論理は、だから正しくない人間は持つべきでない、に容易にスライドしていくものでもあります。

ここで指摘しておきたいのは、この作品は、メリノール宣教会に属するカトリック神父、ジェームス・ケラーが一九四五年に設立したクリストファー会により制作されたという点です。

クリストファー会は、キリストを背負って川を渡った、という伝承のある旅人の守護聖人、聖クリストファー(「クリストファー」の語源は「キリストを背負うもの」を意味します)から名前をとっています。この会は、聖職者だけではなく、広く在野の信徒とともに、世界を変えていこう、とする運動から生まれた会です。

この運動を紹介しているケラー神父の著書『きっと世界は変えられる! クリストファー会のアプローチ』では、カトリック信者がアメリカの中枢で活躍することは、キリスト者としての責任でもあると説かれています[20]。

ケラーの著作で繰り返されるメッセージは、「キリストが我々に求めているのは、共産主義という間違ったイデオロギーが壊そうとしているアメリカ文化を守ることであり、そのためにもっと声をあげよう」といった、反共、愛国心、宗教心が一つとなったものでした。ケラーは重ねて在野の信徒に対し、「普通の、品格を持ったアメリカ市民」として、悪意に対して国を守ることを厭わない、「アメリカの主流派となるよう」促すのです[21]。

逆に言えば、ケラーが何度も言及する必要があるほど、アメリカのカトリック教徒はアメリカ文化の主流とは見られておらず、「アメリカ市民」としてのアイデンティティーが希薄だ、というステレオタイプがあったとも言えます。

当時はＷＡＳＰ（白人・アングロ＝サクソン系・プロテスタント：White Anglo-Saxon Protestant）と呼ばれる白人男性が政治、経済の中心にいました。特に一九世記から二〇世紀初頭にかけては、アイルランドやイタリアからのカトリック移民が多くアメリカに渡ってきたことから、カトリックの中でも新参者と古参者の間で軋轢がありました。また、白人至上主義で悪名高いＫＫＫ（クー・クラックス・クラン）も一九世紀から二〇世紀初頭まで、反カトリック（カトリックの語源は「普遍」ですが、彼らにとって普遍性を標榜し、「アメリカ・ファースト」でないカトリックは敵だったのです）を掲げていました[22]。少数の例外を除き、カトリックが当時の移民「新参者」と強く結びつけられ、特にプロテスタントからは「カトリック教徒は、国への忠誠よりもローマ教皇への忠誠を大事にしているのではないか」と懐疑心を抱かれていた経緯がありました。そのことの反動のために、ケラーのように過剰に当時のアメリカの国策である原子力の推進を支援する、という現象が見られたのです。

政権側からいえば、こうした映像作品でアメリカの（当時の）マイノリティーであるカトリック教徒を取り込むことができますし、カトリック側としては、核を擁護することで、アメリカ文化・政治勢力のメインストリームに入るための敷石とすることができました。こうした背景があったため、一九六〇年のジョン・F・ケネディーの大統領選出は、彼の若さだけでなく、カトリック教徒初ということでも前例のない出来事でした（その後もカトリックの大統領は出ていません）[23]。

こうした政権、政策への迎合を通じて自分たちの国内での基盤を確かなものにしようとする動きは、宗教マイノリティー以外のグループにもみられました。例えばアフリカ系アメリカ人コミュニティーも例外ではありません。五〇年代に入り、米ソ対立が激化する中、「国の防衛」に殉ずることが、アメリカの主流派の同情を勝ちとり、公民権運動を有利に進める条件であることがはっきりしてくると、アフリカ系アメリカ人コミュニティーの中でも原爆批判が次第に避けられるようになっていくのです[24]。

こうした動きは、彼らにとって悲願であった（しかし当然の権利の）公民権運動の成功のための苦渋な決断だったと言えるものです。それゆえ、マイノリティーの原爆批判の弱体化のみを批判することは大事な論点とはいえ、必ずしも建設的ではなく、むしろ彼らが妥協せざるを得なかった社会的構造に批判の目を向けるべきなのでしょう。残念ながら、大きな目標を遂行するために、ある信条を犠牲にしなければならないという構図は、現在でも珍しいことではないからです。

だからこそ「何かを犠牲にする」ということを仕方がないものとして諦めるのではなく、犠牲を要求する主張、社会的条件とは何なのかを考えていくことは、アメリカの核論説を考えるうえでも、核兵器に関する対話をすすめていくうえでも、示唆が多いのではないかと思います。抑圧されたコミュニティー、主流に属することができない集団が、おのれの権利を獲得するために、原爆というまた別の非倫理的な兵器の存在を黙認したり、擁護、あるいは積極的に支援していくことを、どう防ぐことができるのか問われなければなりません。

キリスト教の神と原爆とを結びつける言説は、アメリカだけではなく、日本では長崎のカトリック医師、永井隆の著書で知られています。彼は、長崎大の医学部在学中にカトリックに改宗した放射線医師で、物資不足の中、不十分な設備でレントゲンを撮り続けたことで被ばくし、終戦前に白血病と診断されていました。原爆ではかろうじて一命をとりとめたものの、妻を原爆で亡くしました。戦後は、疎開していた二人の子どもと「如己堂」と名付けた小屋で暮らすことになります。

そんな中、戦争から戻り家族を原爆でなくしたことを知ったかつての教え子が永井をたずねてきます。彼は「なぜ、カトリック教徒の多い浦上が狙われたのか」と質問します。この時の教え子との会話から、永井は、原爆投下三ヶ月後の追悼ミサでの内容を思いつきます。このミサで、死者は穢れがない存在として神への捧げものとして選ばれたこと、生き残ったものは天国への入学試験に落ちたのだから、精進しなければならない、といった独特の神学を披露します。

もちろんこれは、浦上という長崎原爆の爆心地の信者にあてたメッセージで、これを普遍化することは「被害者への責任転嫁」となり、加害責任を有耶無耶にしてしまう危険性があります。しかし、ここでもキリスト教に結びつけられたメッセージが、生き残ったものへの道徳的指針となっていることに着目したいと思います。生き延びたものは、今度こそ正しく生きなければならない、といったふうに。

このように、宗教に依拠して道徳的価値を広めたり、強調したりすることは、宗教からは距離をとったと思われがちな国であっても珍しいことではありません。むしろ、国民国家は宗教が行っていた集団としての結束力を高める機能をそのまま引き継いだだけである、と考える学者も少なくありません。(25)

こうした宗教を通じた言説は、家族観や文化観を運用することで、確実に広がっていくことになります。特に強調すべき点が、原子力との関わりに「伝統的」な家族観である男女の役割を導入することで、人々の役割を、そして原子力そのものをもジェンダー化したことです。次の章では具体的に、どういう風にキリスト教が戦後アメリカの「道徳」の再建に貢献し、それが、どう核兵器とかかわっているのか、その教えがどのように巷間に流布したのかに注意を払いつつ、原爆・原子力論説を追っていきましょう。

［注］

（1）Paul L. Montgomery, "Throngs Fill Manhattan to Protest Nuclear Weapons" *The New York Times*, 13 June 1982 (https://www.nytimes.com/1982/06/13/world/throngs-fill-manhattan-to-p

rotest-nuclear-weapons.html). これは、二〇一七年にトランプ政権の発足に危機感を覚えた女性や性的マイノリティーのグループを中心に組織された「女性たちのマーチ」(Women's March)以前は最大規模のデモでした。Kaveh Waddell, "The Exhausting Work of Tallying America's Largest Protest" ***The Atlantic***, 23 January 2017 (https://web.archive.org/web/20170126005341/https://www.theatlantic.com/technology/archive/2017/01/womens-march-protest-count/514166/). あるいは、参加者は八〇万人とも百万人とも言われています。"ヒロシマの記録" 一九八二年六月一二日参照(http://www.hiroshimapeacemedia.jp/?p=25989)。または https://www.icanw.org/a_million_people_rally_for_disarmament を参照。

(2) "Atomic energy may in the future supplement the power that now comes from coal, oil, and falling water, but at present it cannot be produced on a basis to compete with them commercially." "Truman Statement on Hiroshima" 6 August 1945. From ***Atomic Heritage Foundation*** site (https://atomicheritage.org/key-documents/truman-statement-hiroshima).

(3) Cyndy Hendershot, ***Paranoia, the Bomb, and 1950s Science Fiction Films*** (Bowling Green: OH: Bowling Green State University Popular Press, 1999): 23-24.

(4) 日本においても一九五〇年代の半ばに「唯一の被爆国」という不正確な自称が使われ始めるのですが、この呼称が原子力の平和利用と表裏一体であったことが、政治学者の加藤哲郎により指摘されています。加藤哲郎『日本の社会主義――原爆反対・原発推進の論理』(岩波書店、二〇一三年)二六八頁。

(5) メディアだけでなく、科学者、教育者などを巻き込んだこの展示は、フランクフルトで一八万八〇〇〇人、南米ブエノス・アイレスで一九万五八六〇人、アフリカ、ガーナで一三万五八五三人、京都で一五万五〇〇〇人と、異なる大陸で大勢の来場者を集めました。Kenneth Osgood, ***Total Cold***

War: Eisenhower's Secret Propaganda Battle of Home and Abroad (Lawrence: KS: University Press of Kansas, 2006): 176. 一九五五年から始まったこの展示は、東京を皮切りに、名古屋・大阪・広島・福岡など主要十都市を巡回し、東京で三六万七〇〇〇人という上記の都市と比べても桁外れの入場者数を獲得しました。また他都市でも札幌で二一万五〇〇〇人、仙台一七万三〇〇〇人、水戸二七万七〇〇〇人と、海外の主要都市を大きく上回る来場者でした。ただ、広島では地元の有力新聞である中国新聞社だけでなく、県・市・広島大学、アメリカン文化センターが共催として名を連ねていたにも関わらず、来場者数は一〇万九五〇〇人となっています。これを都市の規模から考えて少ないとみなすか、あるいは会場が平和資料館であり原爆後たった一一年ということを考えると多いとみなすか、判断に窮するところではあります。加納実紀代『ヒロシマとフクシマのあいだ――ジェンダーの視点から』(インパクト出版会、二〇一三年)三一、三四頁。

(6) 二〇一九年にロシアで起きた核の事故は、こうしたプルート計画(これはアメリカ側の呼称ですが)に似た実験だったのではないか、という疑念もアメリカでは沸き起こっていました。Andrew E. Kramer, "In Russia, After the Radiation Came the Rumors" *The New York Times*, 16 August, 2019.

(7) Oliver Stone and Peter Kuznick, *The Untold History of the United States* (New York: Gallery Books, 2012): 257(邦訳あり:大田直子他訳『オリバー・ストーンが語る もうひとつのアメリカ史』(一―三)早川書房、二〇一五年).

(8) 序章注19参照。

(9) "Radio Report to the American People on the Potsdam Conference" on 9 August 1945, *Public Papers Harry S.Truman 1945-1953* at Harry S. Truman Presidential Library and Museum site (https://www. trumanlibrary. org/publicpapers/?pid=104).

(10) Merlin Gustafson, "The Religion of a President" *Jounral of Church and State*, vol. 10, no. 3 (1968): 380.

(11) Kevin M. Kruse, *One Nation Under God: How Corporate America Invented Christian America* (New York: Basic Books, 2015): 68.

(12) Robert D. Putnam and David E. Campbell, *American Grace: How Religion Divides and Unites Us* (New York: Simon & Schuster Paperbacks, 2010): 87(邦訳あり：柴内康文訳『アメリカの恩寵——宗教は社会をいかに分かち、結びつけるのか』柏書房、二〇一九年).

(13) Putnam and Campbell, *American Grace*: 85-86.

(14) Kruse, *One Nation Under God*: 133.

(15) Kruse, *One Nation Under God*: 60.

(16) Kruse, *One Nation Under God*: 100-102.

(17) アメリカ人の国旗に対する心情、あるいはそれを作り上げる規則が歴史家のテッサ・モーリス＝スズキによって簡潔に説明されている箇所を参照。吉見俊哉・テッサ・モーリス＝スズキ『天皇とアメリカ』(集英社、二〇一〇年)八八一八九頁。

(18) Amy Laura Hall, *Conceiving Parenthood: American Protestantism and the Spirit of Reproduction* (Grand Rapids; MI: William B. Eerdmans, 2007): 326-327.

(19) Dwight D. Eisenhower, "Atoms for Peace Speech" on 8 December 1953 at the 470th Plenary Meeting of the United Nations General Assembly. The speech is available at IAEA's site: https://www.iaea.org/about/history/atoms-for-peace-speech

(20) James Keller, *You can change the world! The Christopher approach* (Harlow; UK: Longmans, 1948). また Hall, *Conceiving Parenthood*: 333.

(21) Hall, *Conceiving Parenthood*: 333.

(22) Linda Gordon, ***The Second Coming of the KKK: The Ku Klux Klan of the 1920s and the American Poltical Tradition*** (New York: Liveright, 2017): 13-15. また著者のリンダ・ゴードンによると、トルーマン大統領がまだ地方の政治家だった頃にKKKを「愛国的なグループ」と勘違いして(ということになっています)入会しています。ただ、彼自身はプロテスタントでしたが、カトリックの友人も多くいたことから、クランの反カトリック政策についていけないという理由で脱退しています。同書165.

(23) 一九六一年一月に就任。しかし、ケネディー自身は、キャンペーン中も、就任後も公には自身のカトリック色を抑えた演説をしています。彼の演説を分析したものとしてはRobert N. Bellah, "Civil Religion in America" ***Daedalus, Journal of the American Academy of Arts and Sciences***, vol. 96, no. 1 (1967): 1-21.

(24) Abby J. Kinchy, "African Americans in the Atomic Age: Postwar Perspectives on Race and the Bomb, 1945-1967" ***Technology and Culture***, vol. 50, no. 2 (2009): 292, 303-304. あるいはLaura McEnaney, ***Civil Defense Beings At Home: Militarization Meets Everyday Life in the Fifties*** (Princeton; NJ: Princeton University Press, 2000): 155.

(25) 例えばHarry Harootunian, "Memory, Mourning, and National Morality: Yasukuni Shrine and the Reunion of State and Religion in Postwar Japan" in Peter Van Der Veer and Hartmut Lehmann, ***Nation and Religion: Perspectives on Europe and Asia*** (Princeton; NJ: Princeton University Press, 1999): 144-160. 特に148と151.

第五章　ジェンダー化された原子力

核論説における言葉とジェンダー

私の勤務するデュポール大学では、カトリック大学としては珍しくＬＧＢＴＱ研究[1]というプログラムを二〇〇五年から導入しています。学生にとっても、ジェンダーは自分ごとであり、二〇一八年以降＃ＭｅＴｏｏ運動が盛り上がったように、関心の高い問題です。「原爆論説」や「核兵器の時代」の授業でもそれは例外ではなく、いかに核兵器の論説が「ジェンダー化」されているか、といった論文を取り上げています。その際、反核運動における女性の果たした（あるいは果たせなかった）役割などの比較研究に加え、論説というフレームワーク、そして論説を構築している言葉の選択における「男性性」についての考察を話し合うために取り上げるのがキャロル・コーンの論文「国防知識人の合理的世界における性と死」です。[2]

この論文の発表年次は一九八七年と少し古いのですが、内容は今でも十分通用するもので、コーンが一九八四年の夏に出席した核兵器・軍備といったテーマの二週間のワークショップで受けた衝撃を発端としている論文です。そのワークショップで、防衛力であれ、攻撃力としてであれ、全く現実に根ざしていないにもかかわらず、いかに核兵器を持たないことが危険であるかが「論理立てて」話される核兵器論説にコーンは驚きを覚えます。この体験をきっかけに、コーンは翌年一年間、核兵器の研究機関でのフィールド・ワークを行うことにします。(3)

まずコーンの目に留まったのは、核兵器産業で働く知識人の誰もが、広島・長崎での人的被害を、多かれ少なかれ目にしたことがあるにもかかわらず、核兵器、特に水爆のような核融合での核兵器を「クリーンな爆弾」と呼ぶことです。まるで実態とかけ離れた言葉を使うことで、感情的な距離感を保ち、この兵器の「正義」の側面を強調することに一役買っているのです。

「キノコ雲」もその一つと言えます。広島に軍医として駐屯していた肥田舜太郎は、キノコ雲を「火の柱」と形容していますが、(4)「キノコ雲」は、その下で起きていることを知らなければ、言葉自体はそれ程恐ろしい印象を与えません。(5)また、制御不能となった核連鎖反応を牧歌的に「原子力の回遊」などと呼ぶこともあるようです。(6)あるいは、「大量破壊兵器」(Weapons of Mass Destruction)をＷＭＤと略することで、「大量」「破壊」といった兵器の持つ生々しさが消し去られることも、表現上の操作の一例といえます。

このような言葉が使われる中、核兵器が生命のメタファーで語られていることにコーンは着目します。一九三九年にノーベル賞を受賞した物理学者、アーネスト・ローレンスは、核連鎖反応の成功を聞いて、シカゴ大学の同僚に送った電報に「新しく親になった君たちにおめでとう」と書きました。また、マンハッタン計画の舞台であるロス・アラモスで、原爆は「オッペンハイマーの赤ちゃん」と呼ばれていました。(7)つまり、核兵器は「死の兵器」ではなく、「新しい生命」

のメタファーで語られていたのです。こうして生まれた赤ちゃんが「リトル・ボーイ」「ファット・マン」という愛称で呼ばれたことは、兵器が男性性の延長であるだけではなく、父親から息子へ、と継がれる父権性の世界を提示しているとも言えます。(8)

核兵器が「新しい命の誕生」であるならば、そこには宗教的なイメージもついて回ります。アラモゴードで行われた初めての原爆実験は、キリスト教における重要な教義の一つであるトリニティー(三位一体)と呼ばれました。そしてこの実験を見ていたオッペンハイマーは、ヒンドゥー教の経典バガヴァッド・ギーターの一節を引用したり、居合わせたレポーターが聖書の一節「光あれ」を引用したりするなど、宗教における創生(あるいは創生を予期した破壊)のイメージと、この実験は密接に結びつけられたのです。

こうした命の誕生のようなメタファーの裏で性的なメタファーをコーンが示しているのに倣い、最近の例を挙げておきましょう。二〇一八年の初頭、北朝鮮総書記の金正恩から核攻撃の示唆(「核攻撃のボタンはいつも私の机上にある」)を受けた、アメリカのトランプ大統領が「私も核兵器のボタンを持っているが、私のボタンの方が彼のよりも、もっと大きくてもっと力強い。そして私のボタンは実際に機能する!」とツイートしたことを想起させます。(9)これなどは、まさしく核兵器が男性性のシンボルであることを明白にした事例と言えましょう。

これらの例が指し示すように、防衛に携わる知識人と交わることでコーンが一番衝撃を受けたのは、「普通の言葉が通じない」という経験でした。「普通」に喋っていると、彼らからは、無知で単細胞といった扱いを受けてしまうのです。そこでコーンは彼らが使っているような言葉――

「段階的支配」「先制攻撃」「大虐殺手前の交戦」[10]――を用い始めました。すると、次第に「仲間」として受け入れられていくことを実感したのでした。

しかし、こうした言葉では、以前に考えていた核兵器やその戦略に対する疑問をうまく表現できず、質問自体を思いつけない、といったジレンマも同時に経験します。このことから、いかに言葉の使用がある論説の枠組みを支え、方向付けているか、そしてその論説を共有している仲間内では、論説自体の「論理性」や「倫理性」は疑われることがなく、無条件に道徳的なこととして受け入れられていることを暴きます。

大局的には、核兵器論説のみならず、アカデミアの世界における「論理的」というものが、いかにこうした言葉の使用とレトリックによって作られているか、つまり、論理的なものの根拠は「論理的だ」と考える人が支えていることで成り立つ、という同語反復でしかないことも、コーンは批判の視野にいれているのですが、これはアカデミアに限ることではないかもしれません。

先ほど、「普通の言葉が通じない」というコーンの驚きについて触れましたが、もちろん「普通」という実態は、アカデミアにも、日本にも、アメリカにも存在しません。しかしながら、「普通」という「幻想」を維持するシステムの実態は存在します。コーンが暴いた核産業における言葉の特異な使い方もその例ですし、日本で異性間の恋愛や交際を前提とし、その帰結としての婚姻制度も、「普通」という幻想を支えている一例と言えるでしょう。そう考えると、この「普通」を支えるシステムは、社会の「道徳観念」として流通しており、時には抑圧としても働く、ということがわかります。

この「普通」という、「幻想」でありながら道徳観念として流通している社会規範の実態は、核論説においても深く結びついています。そのことを、ジェンダー、そして道徳システムとしての宗教の観点から見ていきたいと思います。

「新しい」女性像と核兵器

今につながる核論説の基盤が形成された五〇年代のアメリカは、「家族」の枠組みが揺れている時代でした。第二次世界大戦中、人手不足を補うために職場に駆り出された女性たちは、社会に戻ってきた男性に職場を譲らなければならなかったのです。しかしながら、すでに社会で働くことに必要性や意義を見出していた女性が再び家庭に入るには、新しいモデルが必要でした。[11] そこで、家庭で、家族の世話をする主婦のイメージの変革——新しい家族像とそこで活躍する女性像——が必要とされたのです。

新しい家族像は、両親と子どもからなる「核家族」(nuclear family)です。これは生活基盤が磐石でない移民がお互いを支え合うために大家族になりがちな「古いモデル」と対比をなしていました。もちろん、当時は移民だけが大家族だったわけではありませんが、新しい「核家族」というモデルが「アメリカ」の主流に至る道筋と捉えられたのです。また、この「核家族」は、電化製品などの現代的なテクノロジーで家庭を切り盛りする母親のいる、文明的で洗練されたイメージも付与されており、「理想の中流白人家庭」の体現[12]というニュアンスをも含んでいました。

こうした新しい家族モデルの宣伝は大変にうまくいきました。一九六三年に出版され、多くの共感を生んだベティー・フリーダンの著書『新しい女性の創造』では、一九四五年の終戦からの一五年間のアメリカを振り返り、その宣伝効果を記しています。

現在［一九六三年当時：著者注］の四〇代、五〇代の女性が（家庭に入るために、女性だけが）夢を諦めざるを得なかった痛みを覚えているのに対し、最近の若い女性はそんなことを考えもしない。……彼女たちがしなければならないのは、幼い少女時代から未来の夫を見つけ、子どもを産むことだけに専念しているのだから。[13]

実際、フリーダンは、一九五〇年代の終わりには、アメリカの結婚時の平均年齢が二〇歳にまで下がり、執筆時の六〇年代初頭にもさらに下がり続け一〇代になろうとしていること、戦前の一九二〇年には女性の大学進学数が男性に比べると四七％あったのが、一九五八年には三五％まで落ちていること、その結果として一九五〇年代末には、アメリカの出生率はインドの出生率を上回る勢いだったことを報告しています。[14]

フリーダンによると、『ライフ』誌などの広く流通し影響力を持っていたメディアもこのキャンペーンに加担し、特に一九五六年あたりから、女性を家庭に押し戻す運動を謳い上げました。当時の『ライフ』誌は、アーネスト・ヘミングウェイの「老人と海」を掲載したり（一九五二年）、トルーマン前大統領の手記を独占契約したり（一九五三年）、飛ぶ鳥を落とす勢いであり、多数の読者を抱えるとともに、ライフスタイルのイメージを広く形成する力を持っていたのです。例えばエリカ・リー・ドスによる『ライフ』誌の研究書によると、同誌は一九三六年秋の創刊号からすでに売り切れを記録していて、一九五六年のピーク時には五八〇万冊が売れ、七五〇万人の読者を抱えていたことがわかります[15]。

ここで、もう一度フリーダンによる当時の(「普通」として抑圧ともなる)「理想」の女性像を見ておきましょう。

> 郊外の主婦、それこそが若いアメリカ女性の思い描く夢であり、おそらく全世界の女性の羨望の的でしょう。科学と労働力を短縮してくれる電化製品により細々とした家事から解放され、出産の危険や祖母の病気の世話にも、もう悩む必要はありません。こうした女性は健康で、美しく、教養があり、夫と子どもたちという家庭のことのみに関心を向けています[16]。

ここでいう家族とは、新しい表象である「核家族」のことであり、異性愛の両親のもと二人(あるいは三人)の子ども、と郊外の一軒家に暮らしていることを前提としています。離婚した片親世帯には厳しい時代で、ましてや同性愛など法律上はもちろんのこと、社会的にも認められていませんでした。

また戦前日本にも影響を及ぼしたマーガレット・サンガーが提唱していた経口避妊薬の開発も進んでいました[17]。これは、夫婦間に二人ないしは三人の子どもという「理想」の核家族を形成するには必要不可欠と考えられ、「理想の中流白人家庭」の中核を担っていた多くのプロテスタントの家庭で採択されます。他方で、中絶のみならず、避妊に対しても一貫して反対するカトリックは、「理想とする家族像」からはみ出すことになりました。

こうした、民間レベルでのイメージ形成と並んで、国家の側も核家族の推進を図っていきます。冷戦における情報戦をになう部署として、アイゼンハワーは、一九五三年に「広報文化交流局」(USIA)を設立します。例えば、アイゼンハワーの「核の平和利用」演説を世界中の新聞社に送り、二五カ国の主要メディアに演説の全文を掲載させ、さらに演説パンフレットを一七の言語に訳し、一六〇〇万部のポスターと小冊子とを全国に配布したのは、このUSIAだったのです。[18]日本をはじめ世界各国で「原子力平和利用博覧会」を開いたのもUSIAです。[19]

USIAは「平和な原子力」だけでなく、共産圏が発信するアメリカのネガティブなイメージ——労働者、女性、そしてマイノリティーが搾取され、文化的に貧しく頽廃している——を払拭する任務も担っていました。ここにおいて、勃興しつつある「核家族」のイメージは、その対抗言説としてうってつけでした。

このため、USIAは、「アメリカ合衆国の実状」という名前を冠した約一〇〇ページの小冊子を大々的に配布しました。[20]その内容の多くは、出生率や年間降雨量などのデータでしたが、その合間に「アメリカ人とは」という「理想」を現実のように記したページも差し込まれています。主には市民道徳に関するもので、「個人主義が尊重されているが、共通した価値観もあり、家庭においては共有の精神が生きている」[21]といったような具合に。

またＵＳＩＡは反共政策の一環として、アメリカをスピリチュアルで宗教的な国だとも紹介しています。「聖書はいまだにアメリカで一番読まれている書物であるし、様々な宗教も共存している。そうした宗教は政府の干渉を受けることもなく、逆に政府が宗教からの干渉を受けることもないので、民主主義の基本と言える宗教と政治の棲み分けができている」[22]と。

この小冊子で「理想」の家族としてＵＳＩＡが取り上げたのは、フォースター夫人でした。夫のウィリアムとフォースター夫人（夫と異なり、ファーストネームではなく「フォスター家の夫人」として示されています）との間には三人の子どもがおり、夫人は「召使いを使わず」、「料理、洗濯、掃除、繕いものをし、子どもたちの世話をし、庭の手入れをする」。その合間に、看護学校で教えたり、地域の住環境を良くするための委員会に名を連ね、日曜日には家族で教会へ行く。ＵＳＩＡはこうしたフォースター夫人を「典型的なアメリカの女性」の象徴として、国の内外で宣伝していくのです。そしてフォースター夫人は、「賢い主婦」としての新しい女性の体現として、憧れの理想像となってゆくのでした。

しかし、アメリカ史研究のケネス・オズグッドによると、実際にはフォースター夫人の実家はハーバード大やその他のアイビーリーグの卒業生を輩出している名門であり、夫のウィリアムもハーバード大卒のエンジニアでした。義父のウォルター・フォースターは経営コンサルタント会社を経営しており、一家はＵＳＩＡが取材したフィラデルフィアの家の他に、コネチカット州沖のメイソン島に別荘を所有していました。「典型的なアメリカの女性」とは程遠い、高度な教育を受けた裕福な階層だったわけです。

ＵＳＩＡが意図を伴って描いたのは、家庭や地域で献身的に働く、道徳心の高い「新しい」女性でした。しかし、彼女たちの働く場所を「家庭」と「地域」に限定することで、男性の職を脅かすことがない存在として示すだけでは、「古い価値観＝家庭を守るのは女性」の強化の範疇を出ません。そこで、ＵＳＩＡは、女性の活躍する場所を家庭と地域に限定したうえで、新しい「任務」を女性に託すのです。それが、家庭・地域における女性の核戦争に備えた「国防」です。

「家庭」の軍事化

この「家庭」重視の政策、そしてそれが市民道徳となっていく過程で、核政策が女性の役割をどのように扱ったのかを見ていきましょう。まず一九四七年にＮＳＲＢ（国家安全保障資源委員会）がトルーマンによって設立されます。ＮＳＲＢは一九五〇年になると、家族の自衛の責任を説いた『核攻撃を生き抜く』という小冊子を、アメリカの家庭に配布し始めました。

この小冊子には、「家事をきちんとこなすことが生存率を上げる」と書いてあります。例えば、片付いていない部屋は、核攻撃の際の火災で逃げ道を塞ぐから危険である、と記されています。当時徐々に人口に膾炙し始めたフォール・アウト（核爆発による放射性降下物）については「ホコリと同じ」であり、よく払うことが大事で、フォークやナイフは石鹸で洗えばまず大丈夫なので、きちんと洗うこと、といった調子で、放射能に対する防衛策を講じます。

しかしながら、この小冊子の「成果」は別の点にあります。その中身を貫く「家族を守るのは主婦のきちんとした家事から」という教えは、家庭の維持を通して国家に貢献する「防衛」という役割を担うことで社会貢献を実感できた主婦層に広く支持されました。しかしながら、被ばくの実態、特に長期にわたる放射能障害に触れないことで、この小冊子も、直接の被害を避けさえすれば核戦争を生き延びることができる、という後々何十年も続く(現在でも時々目にする)核兵器理解を後押しするものでしかありませんでした。[23]

このNSRBは、その後一九五三年にアイゼンハワーにより防衛動員事務所に吸収されますが、トルーマン大統領は、NSRBと役割の似通ったFCDA(連邦民間防衛局)を、一九五〇年成立の民間防衛法により、翌年設立しています。[24]

SURVIVAL UNDER ATOMIC ATTACK

THE OFFICIAL U. S. GOVERNMENT BOOKLET

図 5-1　市民防衛局クリーブランド(オハイオ州)オフィス発行の「核攻撃を生き延びる」
写真提供：アメリカ合衆国政府　Copy of Survival Under Atomic Attack issued by the Cleveland office of Civil Defense

政権がトルーマンから共和党のアイゼンハワーに移ると、大統領選の参謀として采配を振るったキャサリン・グラハム・ハワードの功績が認められ、FCDA

の運営を担う役職を任されます。ハワードも核攻撃に脅威を覚えていた一人だったので、自らの職を「人々に核攻撃を生き延びる準備をしてもらうことだ」と真剣に考えていました。核の攻撃から身を守るためには、軍隊と同次元で活躍できる最小単位の（二重の意味での）「核」家族」が重要だとする政権に全面的に賛同していきます。

アメリカ史家のローラ・マッケナニーは、こうした主張はアメリカ政府による、家族の暮らしという日常を通して遂行された「一般市民の軍隊化」であったと主張します。つまり、一般市民の間に軍隊的な階層と道徳——父権家族、自律、強いメンタルなど——を普及させようとしたものので、トルーマン、アイゼンハワー、FCDAは、「核攻撃からの民間防衛」を「暮らしのあり方」に落とし込んだのです。[25] こうした「自衛の精神」は、アメリカ人の建国神話として流布していた「自助の精神」や「独立精神」とも結びつけられ、さらに広まっていきます。

総軍隊化に置いては学校も例外ではなく、むしろ進んで加担していきます。よく知られているのは、「ダック・アンド・カバー」（伏せて隠れろ）というアニメも作られた訓練です。アニメでは、バートという亀のキャラクターが、爆発時に手足を甲羅の中に入れることで、核爆弾の爆発から身を守る、という内容になっており、全部で九分強の作品です。これを見本に、アメリカの学校では、有事の際には机の下に隠れるという訓練が行われていました。

この「ダック・アンド・カバー」のような訓練は、残留放射能からの防御においては無意味ですが、当時は原爆傷害調査委員会（ABCC）の広島・長崎の被ばく者の聞き取り調査が、コンクリートの壁の陰や水中にいたことで、初期放射線から身を守ることができた事例、あるいは、しゃがんでいたり、伏せていたために爆風の衝撃を和らげることができた事例などを突き止めていました。ダック・アンド・カバーは、こうした調査から生まれた「防衛」なのでした[26]。

こうした「一般市民の軍隊化」の例をもう一つ挙げましょう。それは、来るべき核戦争に備え、市民の血液型を採取し、それを腕の上部に入墨として入れるという実験的な政策でした。一九五〇年にニューヨーク州医療会のセオドラ・カーフィーによって提案されたこのプロジェクトは、一九五一年には防衛省が赤十字に委託することで軌道に乗り、多くの市民が入墨を入れるという結果になりました。その中には大人だけでなく、小学四年生の児童から高校生の生徒も含まれていたのです[27]。

一九五三年の六月までには、イリノイ、インディアナ、マサチューセッツ、ユタの各州で全ての市民の血液型を採取し、名札のように(dog tag)持ち歩くか、入墨でそれを示すことが決まりました。特にインディアナ州北部のレイク郡では、医療者たちの協力でこのプロジェクトが大々的に行われます。一九五一年一二月までに一万五〇〇〇人の住民が血液検査を受け、そのうちの六割がＡＢＯ血液型にRhタイプのプラスかマイナスを足した——O+などのような——入墨を左腕に入れました。この取り組みの成功で、翌年にはさらに五つの小学校や高校でも、血液型入墨が施行されました。

この政策は、核攻撃から生き延びるための措置という自衛の理論で広められたものですが、実際には、朝鮮戦争の勃発で戦地に備蓄血液を送っていた赤十字で、国内輸血用血液の慢性的な不足が起こっており、それに対応するためのものでもありました。例えば、ミシガン州はこの政策によって一九五二年に一五〇万人分の血液を確保していました。つまり、このプロジェクトは、市民を「歩く血液銀行」にしようとしたのが実情だったのです。[28]

このように、軍隊的なメンタリティーが公の場から私的な場の隅々にまで入り込み、「核家族」を運営する女性の役割を評価することで、女性を取り込んだNSRBの戦略は、FCDAへと引き継がれ、「市民防衛に携わる女性」という、積極的に家事全般を防衛に結びつけたパンフレットの出版へとつながります。[29] FCDAは、この戦略を徹底するため、全米の多くの女性の組織に訴えかけ、組織ぐるみでこのプロパガンダに参加するよう促し、防衛という名の下に家族が軍隊化すること、そしてそこでの女性の役割を強調したのでした。

核攻撃に備えての準備は何も特別なことではない、という意味を持たせるため、こうした準備をアメリカの開拓時代の伝統と結びつけるような言論もありました。それは、ジーン・ウッド・フュラーによる「おばあちゃまの台所」という小冊子などに結実しています。[30]

では、この小冊子の中身を見てみましょう。そこには「お祖父さんが「荷造りをしよう。西へ向かうぞ」と言えば、お祖母さんが台所にあるものから必要なものをすぐに荷馬車に乗せました」という記述があります。お祖母さんは、「家庭を守るために必要なものを書いて準備してありますから、あとは車に乗せるだけ」と、お祖父さんの指揮のもと、効率的に働くお祖母さんを開拓時代の物語に重ね合わせているのです。

この冊子の製作者フュラーは、当時は女性共和党員カリフォルニア連盟を率いていましたが、前述のハワードの後継者として一九五四年にFCDAの長として任命されました。フュラーは、

GRANDMA'S PANTRY, its shelves loaded with canned goods and staples, was ready for any emergency.

And when Grandpa announced, "Pack up. We're moving west," Grandma put a portion of her pantry on the wagon, and was ready.

Civil Defense figures Grandma had the right idea at home and on the westward trail.

That's why GRANDMA'S PANTRY, already adopted as a must in home defense preparations, is going on wheels.

Twentieth century "Grandmas" may be moving and moving fast—evacuating their homes—in a civil defense emergency.

Many of them will be traveling in the family car, and they should have the car—their home on wheels—ready for any emergency.

FCDA suggests that everyone keep a seven-day supply of food and water in their home at all times.
That's GRANDMA'S PANTRY.

FCDA also suggests that everyone keep a three-day EVACUATION SURVIVAL KIT in the trunk of the family car.

That's GRANDMA'S PANTRY ON WHEELS.

The suggested main items for the car trunk kit are a three-day supply of food and water, first-aid items, flashlight, blankets, and a portable battery radio if there is no car radio.

In the first days of a civil defense emergency, such as a preattack evacuation, flood, or tornado, everyone will have to be as self-sufficient as possible. The corner grocery store, the modern kitchen with its tap water, the light and power that came with a flip of a switch—these and many other taken-for-granted services won't be there.

IT PAYS TO GET READY WHILE YOUR THINKING IS STEADY

P. S. Don't forget the CAN OPENER!!

2

GRANDMA'S PANTRY
GOES ON WHEELS

Is your SURVIVAL KIT ready in event of Emergency ?

Permission to reprint is granted by FCDA.

3

Newsletter

BY, FOR, AND ABOUT Women in Civil Defense

Mrs. Jean Wood Fuller
DIRECTOR OF WOMEN'S ACTIVITIES

GRANDMA'S PANTRY WAS READY

GRANDMA'S PANTRY
GOES ON WHEELS

Someday, the most important rolling stock in the United States . . .

. . May be in the trunk of the family car.

FEDERAL CIVIL DEFENSE ADMINISTRATION - BATTLE CREEK, MICHIGAN

図 5-2 ジーン・ウッド・フュラー「おばあちゃまの台所」

「女性にとって世話をすること、教えること、育てることは天賦の才なのだから、市民防衛にはうってつけだ」と唱えており、市民防衛に反対を表明していた全米大学女性協会などのグループを、「非国民で恩義を知らない」などと激しく批判していました。

こうした女性の役割と防衛とを結びつける流れには、先端技術を使った家電の宣伝も一役買っていました。メソジスト派の教会報『トゥギャザー』にはしばしば家族の大切さが懇切に謳われているのですが(31)、一九五〇年代以降ここに大々的な広告をしばしば打っているのがGE（ジェネラル・エレクトリック）でした。

この時代の教会報とそこに見られる広告は、共産主義をかなり意識しており、資本主義は素晴らしい、国の繁栄は市民の経済活動にかかっている、購買・消費が防衛になる、という反共を念頭においた防衛・家族・宗教が三位一体となったメッセージをしばしば展開しています。しかも教会からのお墨付きということもあり、経済活動（具体的にはGEの製品の購買）は市民倫理であるかのような有様です。

GEの広告は、教会報以外にも、先ほど紹介したように広い読者層を持っていた『ライフ』誌などの一般雑誌にも出てきます。一九五二年の広告には、子どもが祈っている姿がテレビのスクリーンに映し出され、テレビに巻かれた大きなリボンが、そのテレビ自体がクリスマスプレゼントであることを示しています。宗教学者のエイミー・ローラ・ホールは、この広告は、テレビの購入で家族が一緒に楽しむことができるという電気製品を媒体とした家族団欒のメッセージであり、それこそ(テレビの購買と家族の絆)が善きキリスト信者の家庭である、という資本主義と宗教とナショナリズムが渾然一体となった倫理が、広告という形で結実している、と分析しています(32)。

実際アメリカ史の研究者エリザベス・コーエンは、政府と企業は、こうした一九五〇年代の広告を通じて「大量消費は単に個人的な贅沢ではなく、国民に正規雇用と生活水準を押し上げるための市民としての責任である」と国民に信じ込ませた、と主張しています(33)。

女性――それは核家族においては「母親」の役割とされるのですが――にとって、恐るべき核攻撃は、特に母親がきちんと家を片付け、家事を賢くこなし、有事に対処することで生き延びることができるものとして語られます。その反面、エネルギー源としての核(原発からの電気)を使って賢く家事をこなし、家庭を守ることが奨励されました。

こうした流れを見ると、ここで推進されている家電が核の技術の応用であることは驚きに値しません。一九四七年の電子レンジの開発は、まさに核兵器技術からの応用でした。この系譜は、今でも使われる言葉に生きています。日本では、電子レンジを使うことを口語で「チンする」と言いますが、米語でそれに相当するのは「ニューク」(nuke)です。「それ、チンして」は、核を表すニュークリア(nuclear)を縮めたニュークを使って「それ、ニュークして」となるわけです。この技術が核開発からきたことを考えると、その起源に忠実な言葉と言えます。とはいえ、これは「(奴らを)核攻撃しろ!」といったような時にも使う動詞ですから、いかに「核」という技術が日常にあり、日常で使われる言葉であるかを示唆するのと同時に、核兵器と「核の平和利用」の源流が同じであることを露呈する事例です。

すなわち「核の平和利用」における「平和」とは、日本で想像されるような、敵や争い自体がない「平和」を必ずしも指しているものではないのです。ここではさらに、「平和」は、賢い母親の家事能力と、父親が稼いでくることによる購買能力とで、核攻撃に備えること、それがそのまま国の防衛力を高めることになり「平和」をもたらす、という意味づけがされています。

アメリカにおける「原爆乙女」の表象

さて、今まで駆け足で見てきたように一九五〇年代のアメリカでは、「核家族」と「モラル(宗教)」、「核家族」と「電化製品(資本主義)」、「核家族」と「国の防衛(市民道徳)」が女性というジェンダーを軸に結びついてきました。このように核に対する関心が高まっていたにもかかわらず、実際の人体被害、そして放射能障害については、一般には知られていませんでした。こうした背景を踏まえて、アメリカで被ばく者、特に女性の被ばく者は、どのように理解されたのかを見ていくことで、現在に通ずるアメリカと日本の核理解の齟齬も浮かび上がってくるでしょう。その一例として、まさにこの五〇年代、一九五五年に渡米した二五名の広島からの被ばく者女性について見ていきましょう。

広島の流川教会のメソジスト派牧師である谷本清と、彼の友人であり『サタデー・レビュー』の編集者でもあるノーマン・カズンズの二人は、あるプロジェクトを構想していました(34)。それは、二五名の原爆により外傷を負った広島の女性を、治療のために渡米させるというものです。

渡米した二五名は「ヒロシマ・メイデンズ」と呼ばれ(日本での一般呼称は原爆乙女(35))、当時のアメリカ・メディアでもかなり取り上げられましたが、ここではその例として、一九五五年五月一一日に放映されたNBCの人気テレビ番組「あなたの人生」を、かいつまんで見ていきましょう(36)。谷本をメインとした番組ではありましたが、原爆乙女も紹介されます(37)。しかし、彼女たちの苦難には一言も触れられず、強調されたのは「アメリカ陸軍が渡航の飛行機を提供し」「マウント・サイナイ病院で全くの無料で治療を受けている」ことでした。

しかも、この番組に招待されていた二人の女性、渡航グループの会長を務めていた蓑輪豊子(みのわとよこ)と、グループの書記をしていた江盛肇子(えもりただこ)は、サプライズ・ゲストが出てくるアーチ型の入り口のカーテンの向こうではなく、セットの上手側に置かれた衝立の後ろで立ったまま影としての登場をしています。

司会のラルフ・エドワーズは二人を紹介するにあたり、「恥ずかしさを避けるため、お二人の顔を隠してお送りします」と言います(38)。原文でも、誰が誰に対する「恥ずかしさ」なのか、実は曖昧になっていますが、これは見逃せないことです。もちろん、当時の日本の一般市民が(たとえ傷がなくても)テレビに映ることに対する躊躇から、彼女たち自身がテレビ出演を「恥ずかしい」と思ったのかもしれません。しかし、アメリカの視聴者は当時の日本の一般市民が持つテレビに対する感情などは知らなかったことでしょう。半世紀以上たってこの映像を見ると、なぜ被害者が恥ずかしさを覚えさせられるのか、あるいは「恥ずかしさ」を覚えるべきは誰なのか、という質問を禁じえません。

衝立の向こうから二人の被ばく女性のシルエットが浮かび、日本語で「アメリカに来ることができたことが幸せで、皆さんがしてくれたことに感謝している」と言う声が聞こえます。これを簡単にエドワーズが英語に訳し(台本にあったのでしょう)、これで被ばく女性についての言及は終わってしまうのです。(39)

他にも、原爆乙女がどのように解釈されたかに言及している証言があります。歴史学者のマイケル・ヤヴェンディッティは、被ばく女性が無料で渡米し一年以上滞在し、幾度かにわたる修復手術を受けたことを、「人間愛に満ちた、歓喜と言ってもいいほどの(日米間の)和解」であり、「アメリカ人の共感力、慈善に満ちた度量を印象付けた」と表現しました。(40)他方こうした見解について、核問題を専門とする科学史家のロバート(ボー)・ジェイコブズは、被ばく女性の渡米について「アメリカの科学と共感力の勝利の物語とされてしまった」と批判しています。(41)

また、同じ一九八〇年代(被ばく四〇周年である一九八五年です)に、アメリカ人ではありませんが、『原爆乙女』という本を執筆したクエーカー教徒の両親が二人の原爆乙女を預かっていたロドニー・バーカーが、被ばく女性の渡米プロジェクトが成功した理由を次のように推測しています。「歴史的に、日本には慈善を施す文化はなく、（慈善に関する）哲学的な概念も無かった。日本に慈善団体がこれほど少ないということは、他人の面倒に巻き込まれることを伝統的に避けること、そして「善きサマリア人」の倫理が日本の宗教に見当たらないことを物語っています。天皇や家族に対しては強い義務感を持つ日本人ですが、大雑把に言って日本人は博愛主義に欠けています(42)」。

一九八〇年にもなって、このような誤解に基づく内容が当然のように出版されることに驚きます。幸いにも私のクラスでは、ヤヴェンディッティやバーカーのような解釈を単純と考える学生が多数です。実際にこの番組の映像を見て、被ばく女性の渡米プロジェクトについて初めて知った学生も多いのですが、そうした学生は、いくつか疑問を呈します。

学生たちが第一に腑に落ちないと感じるのは「自分たち（アメリカ）が引き起こした惨禍の修復を申し出て、それを善意と形容するのは如何なものか」ということです。また原爆の傷を、あたかも「治る」もののような印象を与えるプロジェクトのメッセージにも問題を感じているようです。

こうした原爆乙女の渡米プロジェクトに対する批判は、先ほど挙げたジェイコブズの他にも、アジア系アメリカ人の研究者が精力的に行っています。クリスティーナ・クラインは、被ばく女性たちの渡米プロジェクトのもう一人の立役者、ノーマン・カズンズが頻繁に使用する家族の隠喩を批判しています。カズンズは、広島の原爆投下で親を失った子どもたちを支援する「精神養子運動(43)」の創始者ですが、クラインは、「カズンズは家族愛でアジアと繋がるアメリカのイメージを提供した」と評します。そして、その「家族」とは、男性親の権威を中心に成り立つ家父長制家族がモデルとなっていること、それが「メイデンズ」(乙女)という言葉などに現れていること、それにより、アメリカと日本の関係が、アメリカを親とし日本が従属する疑似家族の体をなしていることを問題視しています(44)。

被ばく女性の渡米はアメリカの善意の勝利の物語を構築しただけでなく、それによりアメリカが自らのセルフ・イメージを再構築する機会でもありました。つまり原爆において自らを加害者とするのではなく、親・保護者としてアメリカ人は「家族」の世話をする慈愛に満ちた人々という物語になっている、というのがクラインの論点で、ジェイコブズも言及しています(45)。

当時も聞かれた批判として、このプロジェクトに男性が参加していないことが挙げられます。この批判は近年も、アメリカの作家ディビッド・ムラにより、オリエンタリズムの再来と再度批判されています。つまり、東洋の女性が「支配される性」「従順である性」として描かれてきた歴史を鑑みると、被ばく者として渡米し治療を受ける側に男性が混ざっていたら、ここまで「いい話」として受け入れられなかっただろう、と。女性、しかも「乙女」であったから、受け入れる側のアメリカでは「娘を守る強い(父)親像」を引き受けることができたのだ、とムラは断言します(46)。

現実的には、五〇年代の日本社会で、女性が一人で生計を立てる選択肢が今より格段に少なかったこと、そして男性であれば「勇敢さ」とも取れる「傷」の持つ意味が当時の女性にとっては、文字通り「傷物」でしかなかったことを思えば、女性のみを選んだことは現実的な選択と言えなくもありません。しかし、だからといって男性の傷が無視されたり、軽く扱われていい理由にはなりません。[47] 植民地支配が男性から女性へのレイプに例えられるように、ある種の非対称性を基軸とすることで成り立つオリエンタリズムが、このプロジェクトを支えていたことも否めないでしょう。

このようなオリエンタリズムは、必ずしも男性から女性へ発動されるとは限りません。実際、被ばく女性を甲斐甲斐しく世話をしたのはアメリカの女性でした。彼女たちが被ばく女性の世話をする様子は、「アメリカ的生活」を被ばく女性に教えるという使命に裏打ちされている、といった紹介がメディアではなされました。これなどは、フリーダンの言う「全世界の女性がアメリカの郊外に住む主婦に憧れているだろう」という論説と呼応しています。

そして、防衛の単位である「家族」と、そこに貢献する「新しい」女性を見てきた私たちにも、このプロパガンダが被ばく女性のお世話という形で体現されていることが見えてきます。

ここでもう一点強調しておきたいことは、被ばく女性を預かり、面倒を見ることでアメリカ人の善良さ、アメリカ女性の素晴らしさをアピールする、という役割は、経済的余裕を基盤としていました。この点を重要視するキャロライン・チャン・シンプソンとムラは、アメリカのメディアは、被ばく女性の悲劇よりも、「白人で中流階級、郊外の庭付き一戸建てに住む核家族、異性愛者でユダヤ・キリスト教的価値観に裏打ちされた母親」を印象付けるために、つまり善良な「普通の」アメリカ人の象徴として、「不幸な」彼女たちの世話をするアメリカ女性を報じた、とメディアを断罪しています。[48] こうした「模範的な女性像」は、冷戦における共産主義へのシンパシーや、公民権運動、女性解放運動、同性愛の公言、などへの牽制ともなっていたでしょう。

ただし、一言付け加えておくと、一人一人の参加者の善意は否定されるべきではない、と思います。谷本がアメリカで主流のメソジスト派に属していたこともあり、このプロジェクトは、メソジスト派(そしてメソジスト派と近い長老派)を中心に進められました。しかし、非暴力主義で知られるキリスト教の一派クェーカー教徒も多く参加し、特に彼らは被ばく女性たちのホームステイ先となり献身的に彼女たちの世話をしていました(49)。

しかし残念ながら、彼らの善意は国家の思惑とメディア戦略のために全く異なるメッセージ——アメリカの女性は「アメリカ的生活」を日本からの不幸な被ばく女性に教えるという使命をもっている——へと集約され、拡散されていったのでした。こうして被ばく女性の渡米は「人間愛に満ちた、歓喜と言ってもいいほどの和解」などとヤヴェンディッティが表現したような、原爆の悲惨さとは程遠いところで消費されてしまったのでした。

守られる性・無垢性・仕える性

また、こうした被ばく女性の表象は日本でも珍しくありませんでした。渡米プロジェクトに先立つこと三年、谷本を介して広島で被ばく女性と対面した作家の真杉静枝は、早速東京で資金を集め、九名の被ばく女性を東京で手術が受けられるよう手筈を整えます(50)。しかし、東京に到着した彼女たちが最初に訪れるよう計画されていたのは、病院ではなく、巣鴨プリズンでした。そこで、広島出身で戦中に大蔵大臣を務めた賀屋興宣(かやおきのり)と、原爆投下時、第二総軍司令官として広島に駐屯していた畑俊六(はたしゅんろく)の二人が乙女たちを出迎え、言葉をかけました。しかし、それは訪問への礼であって、決して戦争を長引かせ、原爆の投下を引き起こし、彼女たちの人生を狂わせてしまったことへの謝罪でも後悔でもありませんでした。

彼らに対し、被ばく女性の代表は「一時は、こんな目にあったことで軍人さんを恨んだこともあるが、七年経ってみれば、あなた方の苦労も同じだとわかった」という趣旨の挨拶をします。これも、戦争責任者と被害者の和解といった文脈で報じられました。

この「和解」も加害者である男性・被害者である女性という非対称性に意味があったことは否めません。アメリカでの表象と同じく、加害者は自らの非と正面から向き合うことはなく、被害者は過ちを認めない加害者に対し、あくまでも敬意を表すことを期待されるのです。

こうした被害者性と女性性における親和性の高さは、もちろん生物学的なものではなく、社会的なものです。すでに多くの研究者が言及していることですが、被ばく体験は「男性性」を付与されないグループ、つまり女性と子ども(第二次性徴以前の少年も含め)によるものが圧倒的です。

しかしながら、「広島長崎の原爆災害」によると、実際に被害者となった人々は、広島も長崎もそれほど男女比に差は無いのです[51]。多くの成人男性が出兵していたとはいえ、広島は軍都として軍関係者が駐屯することも多く、当時の男女比は被ばく体験にみる男女比とは全く一致しません。

こうした統計にもかかわらず、女性や子どもの被ばく体験が圧倒的に多い理由の一つは、ジェンダーに帰せられるかと思います。つまり、戦後しばらくの、「男性は自分の被害性を公にすることを良しとしない」、といったような被害者であることを語りにくい、という社会的要因があると言えます（自らの加害者性に対しても多くは語っていませんが）。

とはいえ、個々人の「語りにくさ」のみに帰されるものではなく、国の政治的な戦略も絡んでいることも確認しておきましょう。政治学者のアイリス・マリオン・ヤングは、肉体的に不利である場合が多い女性と子どもが、いかに国防政策に利用されるかを紐解きます。特に「国家的危機」などと銘打たれる事件の際には、国防のレトリックがすぐさま発動されます。例えば九・一一の後のアメリカで、イラクとアフガニスタンへの侵攻の支持を獲得するために使われた、「女性と子どもを守るため」という「語り」は、その主語に守る側の「男性」を想起させ（実際には女性兵士もいますし、守られるべき成人男性もいるのにもかかわらず）、国防を正当化させる、と。そしてそれは、「守る」ことを美徳とする一方で、こうした物語に加担しない男性を「弱い者を守る意思・体力がない」と道徳的・肉体的に劣っているかのように扱う、と分析しています(52)。

こうした「語り」は結果として、強い肉体を持ち、弱い女性・子どもを守る者こそが「男性」という幻想を作り出します。それが反転することで、「普通」の男性なら「女性と子どもを守るはず」という「語り」になり（本来なら守り、守られることはジェンダーという属性にかかわらず、誰もが守り、守られるものであるべきですが）、それが「戦争」という現実を支援するレトリック、そして社会規範となる、というのです。と同時に、ヤングの指摘によれば、こうした「語り」では「女性は自衛を男性に依存するもの」と、その主体性を奪われ、守られる性へと相対的に位置づけられます。その結果として、「守り手」である男性が、守られる側として依存する女性と子どもに「従順」を要求する、という不平等が再生産されていくことになります。

この図式において明らかなのは、戦争が日常に入り込むとき、あるいは、日常が「軍隊化」されるとき、支配する性―支配される性、という伝統的で父権的なジェンダーが正当化され、そして強化されていくということなのです。前半で見てきた市民防衛も、女性に「守る」任務を与えておきながら、それが限られた（そして往々にして閉じられた）空間である「家庭」における権限でしかなかったことは重要です。それは、消費を美徳とするキャンペーンの裏側で、女性の経済的自立を真っ向から否定する、大変矛盾したものであったのです。

そしてこの矛盾に満ちた「語り」と社会規範は、冷戦期も、そして九・一一以降の現在も変わることなく繰り返されています。原爆、そして核兵器を語るとき、こうしたジェンダーの問題と、その表象に社会の規範（あるいは「普通」を作るシステム）を読み取ることは、日米の原爆観の齟齬の解消に貢献すると言えましょう。

この章ではアメリカにおける核論説と女性、そして関連する歴史的事象として被ばく女性の渡米を例に、原子力や戦争がいかにジェンダー化されて語られ、再生産されてきたかを見てきました。ここまでも何度か言及しましたが、原爆を投下した側として男性性を担うアメリカにおいて、原爆の被害者性を代表するような被ばく被害は語られない／語りにくい状況にあります。言うなれば、被ばくの被害が「自主検閲」されてきたといえます。これこそが原爆論説を見ていくに当たって、これまでに論じてきた歴史的・社会的表象の産物として、大きな問題をはらんでいるのです。この「被ばくの語り」という現代の表象の問題を見るため、次章では、被ばくの被害が、どのように語られてきたか、あるいは隠されてきたかを、アメリカの（語られない）核被害とあわせて確認します。

［注］

（1）LGBTQ Studies のLGBTQは、レズビアン、ゲイ、バイセクシュアル、トランスジェンダー、クィア（この語は、もともと同性愛者を差別的に指す語でしたが、現在は肯定的な意味合いで用いられています）の頭文字で、人間社会におけるジェンダーというものについて研究する科目です。

（2）Carol Cohn, "Sex and Death in the Rational World of Defense Intellectuals" *Signs*, vol. 12, no. 4 (1987): 687-718.

（3）似通った主題でありながら、異なる結論を導き出している著作に、文化人類学者のヒュー・ガスターーサンの『核の儀式』があります。彼は国立ローレンス・リヴァモア研究所で中性子爆弾を研究している科学者と交わり、インタビューすることで、彼らが防衛についてどう考えているかを明らかにしていきます。科学者の多くはリベラルで、中にはベトナム戦争に反対した過去を持つ者もいました。ガスターサンは核兵器を作る科学者も、反対する市民も、イデオロギー的には似通っていること、そしてそれは中流階級の不安に根付いている、と論じています。Hugh Gusterson, *Nuclear Rites: A Weapons Laboratory at the End of the Cold War* (Berkeley; CA: University of California Press, 1996).

（4）Steven Okazaki, *White Light Black Rain: The Destruction of Hiroshima & Nagasaki*, 2007.

（5）物理学の歴史研究で知られるスペンサー・ワートは、洋の東西を問わず、民話などに出てくる

「キノコ」が表すのは「変化」「変成」、つまり不思議な力を持つミステリアスな植物という位置づけである、と主張しています。Spencer R. Weart, *Nuclear Fear: A History of Images* (Cambridge: MA: Harvard University Press, 1988): 402-404.

(6) Mike Vago, "Young Jimmy Carter once averted a nuclear disaster" *AV Club*, 15 March 2020 (https://www.avclub.com/young-jimmy-carter-once-averted-a-nuclear-disaster-1842254774).
「原子力の回遊」は原文では"power excursion"。

(7) Cohn, "Sex and Death": 699-700.

(8) こうした「生殖」「誕生」にまつわるメタファーは、「キノコ雲」のイメージがアメリカ国内でも異なっていることを研究したペギー・ローゼンタールの論文にも出てきます。論文では、ロス・アラモス研究所は「核兵器のキノコ雲を自慢に思う親(Los Alamos is indeed the pround parent of the nuclear mushroom cloud)」と紹介されるほど、「出産」「新しい命の誕生」のイメージで溢れています。Peggy Rosenthal, "The Nuclear Mushroom Cloud as Cultural Image" *American Literary History*, vol. 3, no. 1 (1991): 66.

(9) Peter Baker and Michael Tackett, "Trump Says His 'Nuclear Button' Is 'Much Bigger' Than North Korea's," ***The New York Times***, 2 January 2018 (https://www.nytimes.com/2018/01/02/us/politics/trump-tweet-north-korea.html?searchResultPosition=2).

(10) 原文ではそれぞれ"escalation dominance""preemptive strikes""subholocaust engagements"となっています。Cohn, "Sex and Death": 700.

(11) 例えば一八九〇年代から一九二〇年代にかけての「進歩主義時代」も、家族や女性の役割が揺らいだ時期で、離婚数が増加したことも特徴的でした。一八八〇年に二一組に一組だった離婚は一九〇〇年には一二組に一組、一九〇九年には一〇組に一組となっています。William L. O'Neill, "Divorce

in the Progressive Era" *American Quarterly*, vol. 17, no. 2 (1965): 203.

(12) Amy Laura Hall, *Conceiving Parenthood: American Protestantism and the Spirit of Reproduction* (Grand Rapids: MI: William B. Eerdmans, 2008): 345-347.

(13) Betty Friedan, *The Feminine Mystique* (New York: W. W. Norton, 1963): 16（邦訳あり：三浦富美子訳『新しい女性の創造』大和書房、一九六五年）.

(14) 注13に同じ。

(15) Erika Lee Doss, *Looking at Life Magazine* (Washington D.C.: Smithsonian Institution Press, 2001): 105.

(16) Friedan, *The Feminine Mystique*: 18.

(17) ちなみに、ピル開発に貢献した中国系の科学者W・C・チャンは、奇しくも一九四一年一二月七日（アメリカの真珠湾攻撃の日）にケンブリッジ大学から学位を得ています。David Halberstam, *The Fifties* (New York: Fawcett Columbine, 1993): 282-294.

(18) Kenneth Osgood, *Total Cold war: Eisenhower's Secret Propaganda Battle at Home and Abroad* (Lawrence; KS: University Press of Kansas, 2006): 162-163. このアメリカ情報局は、本国アメリカのワシントンDCに本部を置き、United States Information Agency, USIAと呼ばれていました。アメリカ国外ではUnited States Information Service、すなわちUSISが通称でした。

(19) 第四章注5参照。

(20) USIA, *Facts about the United States*, 1953

(21) Osgood, *Total Cold War*: 256.

(22) Osgood, *Total Cold War*: 256-257.

(23) Laura McEnaney, *Civil Defense Begins at Home: Militarization Meets Everyday Life in the*

Fifties (Princeton: Princeton University Press, 2000): 74.

(24) McEnaney, *Civil Defense Begins at Home*: 3. これに対し、ＦＣＤＡの設立当初は「核戦争」よりも「総力戦」を念頭に置かれたとする議論もあります。Hattori Masako, "Preparing for the 'Next War': Civil defense during the Truman administration, *Pacific and American Studies*, vol. 9 (2009): 112–127.

(25) McEnaney, *Civil Defense Begins at Home*: 5–6. マッケナニーの指摘を受けて、パトリック・シャープは、こうした市民防衛が「核家族」を想定していることから、大家族になりがちであった貧しい白人層や非白人層を守るつもりがないことを露呈している、と言います。Patrick B. Sharp, *Savage Perils: Racial Frontiers and Nuclear Apocalypse in American Culture* (Norman: OK: University of Oklahoma Press, 2012): 190.

(26) Episode 337 "Atomic Tattoos" *99% Invisible*, podcast available at https://99percentinvisible.org/episode/atomic-tattoos/ この章に登場する広島のメソジスト牧師、谷本清の娘、紘子はのちにＡＢＣＣ(原爆傷害調査委員会)で受けた屈辱的な扱いについて触れています。近藤紘子『ヒロシマ、六〇年の記憶』(リヨン社、二〇〇五年)一四三―一四八頁。

(27) "Atomic Tattoos" の他に、Elizabeth K. Wolf, and Anne E. Laumann, "The use of blood-type tattoos during the Cold War" *Journal of the American Academy of Darmatology*, vol. 58, no. 3 (2008): 473–474.

(28) Wolf, and Laumann, "The use of blood-type tattoos during the Cold War".「歩く血液銀行」の原文は walking blood bank。

(29) ニューヨークの公共ラジオのサイトで当時の「市民防衛を担う女性」というプログラムを聞くことができます。Women in Civil Defense, 28 February 1951 (https://www.wnyc.org/story/wome

n-in-civil-defense/).

(30) 原文は*Grandma's Pantry*で、パントリーとは食器や食品を保存しておくクローゼットのようなものですが、ここでは仮に「おばあちゃまの台所」とでも言っておきます。

(31) Hall, *Conceiving Parenthood*: 81-83.

(32) Hall, *Conceiving Parenthood*: 298-299.

(33) Lizabeth Cohen, ***A Consumers' Republic: The Politics of Mass Consumption in Postwar America*** (NY: Knopf, 2003): 113.

(34) 一九四六年に出版されたジョン・ハーシーの『ヒロシマ』に取り上げられ、アメリカで名前が知られていた谷本は、メソジストのミッション・ボードの招待により、一九五五年以前に二度、全米で講演旅行をしていました。一九四八年九月二五日に横浜港を出発した谷本は一〇月五日にサンフランシスコに到着し、それから一九五〇年一月に帰国するまでの一五ヶ月の間、アメリカの三一州二五六都市を訪ね、五八二回の講演をこなし、述べ聴衆は約十六万人という旅程をこなしたのでした。その後、谷本は一九五〇年九月からさらに八ヶ月、アメリカの二四州、二〇一都市を周り二九五回の講演に五万六二〇〇名の聴衆を引きつけています。谷本『広島原爆とアメリカ人――ある牧師の平和行脚』(日本放送出版協会、一九七六年)一三六頁。

(35) 私の学生はこの「乙女」(maidens)という、アメリカでも古臭く感じる言葉に強い違和感を覚えるようです。授業では、「まるで「大勢の処女が日本からやってくる!」と興奮しているみたい」とまで言った学生もいました。

(36) 番組内で、「広島の被害は日米の研究者によってしっかり調べられているんですよね」と言う司会者エドワーズの質問に、谷本の大学院時代の旧友で牧師となっているマーヴィン・グリーンが、「しかし、治療すると言うより診断するだけですけどね」と、発言しています。これは一九四六年に広島に設立されたＡＢＣＣのことを指していると思われますが、グリーンが短くとも、正確な見解をテレビ放送で発言していたことは賞賛に値します。

(37) Hiroshima Peace Center、番組内ではHiroshima Peace Center Associationと紹介されています。

(38) "To avoid causing any embarrassment, we will not show you their faces."

(39) 番組最後に谷本の家族がサプライズで登場するところにも「家族」の強調が見てとれます。

(40) Michael Yavenditti, "The Hiroshima Maidens and American Benevolence in the 1950's," *Mid-America; historical review*, vol. 64, no. 2 (1982): 21-39.

(41) Robert Jacobs, "Reconstructing the Perpetrator's Soul by Reconstructing the Victim's Body: The Portrayal of the 'Hiroshima Maidens' by the Mainstream Media in the United States," *Intersections: Gender and Sexuality in Asia and the Pacific*, Issue 24 (2010): paragraph 4.

(42) Rodney Barker, *The Hiroshima Maidens: A Story of Courage, Compassion, and Survival* (New York: Vintage, 1985): 130.

(43) 法律を介した正式な養子縁組ではありませんが、三百人前後のアメリカ人が名乗りをあげ十年間で総額五万五〇〇〇ドル（当時の邦貨で約二〇〇〇万円）を超えるお金が養子に渡りました。川本一之「ヒロシマ精神養子　第二部　今も「わが子」気遣う米国の親」『中国新聞』二〇〇九年二月一日(http://www.hiroshimapeacemedia.jp/?p=21073)。

(44) Christina Klein, *Cold War Orientalism: Asia in the Middlebrow Imagination, 1945-1961* (Berkeley; CA: University of California Press, 2003): 149.

(45) Jacobs, "Reconstructing the Perpetrator's Soul," paragraph 30.

(46) David Mura, "Asia and Japanese Americans in the Postwar Era: The White Gaze and the Silenced Sexual Subject," *American Literary History*, vol. 17, no. 3 (2005): 610.

(47) 例えば被ばく者の深見潔氏は、広島大学平和科学研究センターの研究員であった永井秀明の著作で「顔面に大きなケロイド跡の残る」と描写されており、次のような発言も引用されています。「わしらみたいに顔に原爆の看板を背負っている者には、女性も男性もないですよ。若いころは小さな子どもにうしろ指さされて。わしらは死ぬまで原爆を背負っているようなものですよ」永井秀明『一〇フィート映画世界を回る』(朝日新聞出版、一九八三年)四一頁。

(48) Caroline Chung Simpson, *An Absent Presence: Japanese Americans in Postwar American Culture, 1945-1960* (Durham: NC: Duke University Press, 2002) : 124.

(49) クェーカー教徒は、その非暴力主義から戦中は良心的兵役拒否をしており、原爆にも批判的でした。中にはフロイド・シュモーのように、戦時中から日系アメリカ人の収容に抗議していたり、原爆投下後の広島にシュモーハウスを建てたり、シアトルのサダコ像設立に貢献したり、といった信徒もいます。実際、クェーカー教徒の献身については、「ホスト・ファミリーの意向におもねることないよう、被ばく女性たちは扱われ、彼女たちの意思が尊重されたこと」が一九五五年六月一九日のアイダ・デイによるメモに記されています。スタンフォード大学学部生のアニー・デヴァン・クレイマーの研究でわかってます。Annie Devon Kramer, "The Hiroshima Maidens Project at the Margins of History: Quaker Facilitation of Spiritual Rebirth and Rejuvenation" *The Stanford Undergraduate Research Journal*, 2010.

(50) ちなみに、真杉は原爆乙女たちの出会いを「そのむごたらしい、原爆火傷のダニは彼女たちの顔にちゃんと吸いついたまま、七年間」と形容していて、今現在読み返すと、女性たちに対して配慮のない印象を受けます。加納実紀代『ヒロシマとフクシマのあいだ――ジェンダーの視点から』(インパクト出版会、二〇一三年)九七頁。

(51) 関千枝子「原爆災害と女性」『女がヒロシマを語る』(インパクト出版会、一九九六年)二〇七頁。

(52) Iris Marion Young, "The Logic of Masculinist Protection: Reflections on the Current Security State" *Signs*, vol. 29, no. 1 (2003): 1–25.

第六章　隠されてきた被ばく——核実験・人体実験・核廃棄物

大学院時代、アメリカの政治倫理を専門とする指導教官と、日本軍による捕虜への人体実験隠蔽の話をしていた際、彼女は「そうね、戦争犯罪を隠してきた日本と違って、少なくともアメリカは原爆について隠してはいないわね」と言いました。それはいかにも、アメリカは隠すなどといった卑怯なことはしないといったニュアンスで、私は耳を疑ったものの、どう返答すれば良いかわからず、なんとなくお茶を濁したのでした。その後、ジョージ・W・ブッシュ政権に深く関わっていく事になるこの教授とは、距離を置かざるを得なくなりました。

日本政府の戦争犯罪に対する態度をかばう気は全くありませんが、かといって、アメリカが自国の戦争犯罪に対してより良い対処をしているとも思えません。確かに原爆投下の事実はその直後から明らかにされていましたが、アメリカの科学力、国力を見せつける意味でも、ソ連を牽制する意味でも、デモンストレーションとしての側面は否めず、倫理的な理由から公にしていたのではありません。そして、より大事なことは、それでもなおかつ、隠されていることがある、ということです。原爆に関しては、人的被害の全貌は今でもわかっていませんし、放射能障害などの研究は隠されてきたのです。

本章と次章では、こうした被害が、どのように語られてきたか、あるいは語られてこなかったかについて考察します。本章ではまず、アメリカの政策レベルで行われてきた、核実験や核廃棄物による被ばく被害、そしてさらに、被ばくの影響を調査するために行われた人体実験について見ていきます。残念なことに、こうした実態はアメリカ国内ですら十分知られていないことなのです。

被ばく隠しの政治

原爆投下直後、広島・長崎の原爆の被害――特に放射能被害――を伏せる「被ばく隠し」が、敗戦前は日本政府、敗戦後はアメリカをはじめとする連合国軍により行われてきました。日本の場合は、自らも秘密裏に原爆開発をしていたことに加え、国民の士気低下を憂慮し、核兵器であることを伏せ、被害を矮小化しました(1)。アメリカの場合は、単に原爆投下という未曽有の殺戮を可能にした兵器の使用、という人道的な都合の悪さからの検閲というだけではありません。被ばく隠しは、核兵器を保持することで世界の覇権(の一端)を握ろうとする国々には戦略的に見て必要なことだったのです。アメリカ、および核兵器保有国にとって、核兵器開発、エネルギー源としての原子力を掌握することは、それまでのあからさまな植民地支配に代わって、国の覇権を強固にする新たな手段でもあります。このように核開発を戦略的に遂行するために、核兵器にまつわる非人道性――特に放射能障害は、その場にいなかった人までもが残留放射能により影響を受けることなど――が大きく示されるのは、自らの軍事力を正義と結びつけてきたアメリカにとっては都合の悪いことだったのです。

文化人類学者のガブリエル・ヘクトは、国連機関の国際原子力機関（ＩＡＥＡ）は、まさにそのような核による支配の構造を定着させる任務を負うために設立された、と批判しています。[2]つまり、ＩＡＥＡは、核兵器を作らない確約と引き換えに原子力技術を提供することで、それらの国が技術的にも政治的にも核保有国の資源に頼らざるを得ない構造を作ります。それは、核保有国の国際社会における優位性維持を強化するものであり、核を使った間接的植民地政策の推進と言えるのです。

例えば、ウラン鉱石を精製する過程でできる物質は、イエローケーキと呼ばれます。この一見無垢な名前を付されたイエローケーキは、原子力の原材料であるにもかかわらず「核物質」とは認識されていません。それゆえ、ウラン鉱山のある国々は「核保有国」としての「特権」――核兵器を保有し、国際社会で強い発言力を持つ――は与えられていませんし、実際のウラン鉱山の所有権は往々にしてイギリスやアメリカの資本をもとにした会社が握っています。ですからウラン産出国とはいえ、原材料を供給するだけの国という扱いなのです。[3]これは前章で考察した、言葉の使用が現実理解に影響を与えている例と言えるでしょう。

核保有国の軍事（核兵器）とビジネス（原子力発電）で世界の覇権を維持するという戦略にとって、被ばく隠しは必然です。この点でも、兵器としての核開発と電力としての核開発とは、表裏一体なのです。そしてそれゆえ、核兵器だけでなく、原子力にまつわる製造・保持・廃棄における自国民の被ばくも、同時に隠される必要がありました。

核実験が一〇〇〇回を超えるアメリカでは、最も良く知られているネバダの核実験施設以外にも、多数の地域が実験場となり、人体実験も多く行われ、自国民・他国民を問わず多くの被ばく者を生み出してきました。にもかかわらず、アメリカの被ばくの問題は一般に共有されてこなかったのです。こうした被害をいくつか見ていきましょう。

例えば、第五福竜丸が巻き込まれたことで知られるビキニ環礁のあるマーシャル諸島の核実験は六七回を数えました。こらをすべて合わせると、広島原爆の七二〇〇発分に相当すると言われています。マーシャル諸島は一九八六年にアメリカから独立するまでは、アメリカの信託統治領(戦前は日本の委任統治領)でした。そのため被験地として選ばれたわけですが、当事者である住民にはアメリカの政策に影響を与える選挙権などもなく、アメリカのなすがまま、と言っても過言ではない状況で、実験前、マーシャル諸島の住民は、タバコなどと引き換えに慌ただしく強制避難させられました。(4)

その後、避難住民の要望に応えてアメリカが早期に帰島を許可したため、帰還住民の間で残留放射能による健康被害が続出し、再度の避難を余儀なくされました。数々の疾病に加え、「クラゲのような胎児」と呼ばれた、骨格がなく皮膚が透明で、ブドウの房のような紫の胎児が多く生まれたことも報告されています。(5)当時の科学者は「島は居住するのには安全です」と島民に太鼓判を押す一方で、「(島は)世界中でも群を抜いて汚染されています。島に戻って環境の調査をするのは興味深いことです」(6)とも記録しているのです。さらにアメリカ原子力委員会(ＡＥＣ)は

「彼ら(マーシャル諸島の住民)は、我々西洋人、文明を持った人たちとは違います。とはいえ、彼らはネズミよりも我々に近い、というのは事実です」[7]と記載しています[8]。

あまりにも多くの疾病に、アメリカはマーシャル諸島の独立とともに補償を行いました[9]。補償の内訳は二五の疾病に適応され、個々人の症状により額が異なります。例えば、白血病や内臓系の(大腸癌、膀胱癌を除く)癌が最も高く補償額は一二万五〇〇〇ドル。乳癌でも再発がない、または繰り返しの治療がいらないと診断されると七万五〇〇〇ドル。甲状腺癌は切除を要する場合でも七万五〇〇〇ドル。再発がない、または繰り返しの治療がいらないと診断された場合には五万ドルとなっています[10]。しかし、ひどい放射能汚染と、その結果である経済的困難から逃れるため、ハワイ諸島やアメリカ西海岸に移住した島民もいて、ディアスポラ(民族離散)の相を呈しています[11]。

こうした歴史的経験を持つマーシャル諸島は、二〇一四年にアメリカ、イギリス、ロシアなど核兵器保有国の九カ国を相手どって訴訟を起こしました。これらの国々が一九六八年の核拡散防止条約に反しているとの訴えを、オランダ、ハーグにある国際司法裁判所に持ち込んだのです。しかし、国際司法裁判所は九カ国のうち中国、フランス、イスラエル、北朝鮮、ロシア、アメリカは国際司法裁判所の司法権を認めていないことから、訴えを却下。残るイギリス、インド、パキスタンについては、後者二国は核兵器不拡散条約を批准していないこと、またイギリスについては裁判の焦点である確固たる論点に欠けることなどの理由から、訴えを取り上げるには十分でないとして棄却されました[12]。

ハーグの国際司法裁判所以外にも、マーシャル諸島は、アメリカ政府に対し、アメリカ連邦裁判所での訴訟も起こしました。しかし、被告のアメリカ政府は、マーシャル諸島は訴訟を起こす権利を持っていないとして、訴えを棄却するよう法廷に命じます。政府の命に従い、連邦判事のジェフリー・ホワイトは、二〇一五年二月三日に訴えを棄却しています⒀。加害者が被害者に対して加害者側のルールを適用する、常軌を逸した例がここでも見られ、改めて、こうした被害を生んだ元凶である力の非対称性を痛感します。

マーシャル諸島のような統治領に加え、アメリカ本土でも実験は何度も行われました。他の核保有国ともある程度共通する傾向として、被験地に選ばれたのは、経済的な困難を強いられている立場にある少数民族の居住地や、政治的影響力が低く、いわれのない迫害を被ってきた人たちの居住地——例えば、ネイティブ・アメリカンの居住地⒁、長い間キリスト教異端派扱いされてきたモルモン教徒の多く住む地域⒂——などでした。人間以外にも、物言わぬ動物、植物も多く犠牲になったことは、記録映画やドキュメンタリーで多く紹介されています。犠牲となった動物は山羊、羊、豚、犬など様々で、その様子は、当時の映像を使用している『ラジオ・ビキニ』『アトミック・マム』といったドキュメンタリー映画で見ることができます⒃。

こうして被ばくの影響の実態が市民に知らされないまま、核実験は回数を重ねていくのですが、実験場や核施設のある地域では、原子力産業が唯一の雇用先である場合も多く、住民は経済的に「人質」のような状況に置かれているように見え（私はこうした状況を「人質経済」hostage economyと呼んでいます）、なかなか被害を声に出すことができません。

科学者たちの被ばくの影響を巡る攻防

とはいえ、このような状況に科学者や市民が、ただ手を拱いていたわけではありません。一九五六年には米国科学アカデミーが「放射線による生物学的影響」という四九ページにわたる放射能の影響に関する報告を出しています。この報告書の副題は「米国科学アカデミーによる一般への研究報告」となっているように、一般市民に注意を促す目的もありました(17)。

この報告書は、冒頭で環境自然放射線について触れた後、「我々を取り巻く放射線の総量は、おそらくかなりの割合で上昇しており、このことが全ての生き物に深刻な影響をもたらすことが考えられます。にもかかわらず、どういった影響かについてはほとんど情報がない、という困惑状態に置かれています(18)」と、自然界にある放射線が上昇していることに言及し、「自然」だから大丈夫とは言えない、という見解もきちんと打ち出しています。

この報告が示すように、放射能の遺伝への影響、放射性廃棄物の問題、原発事故の可能性など、すでに「核の平和」スピーチの二年後、一九五六年の時点で、「原子力・核」というものに関する懸念が科学者によって表明されていたのです。

この報告は表向きには、独立した第三者機関である米国科学アカデミーが主体でしたが、その実、研究費を出したロックフェラー財団がＡＥＣにも関わっている事情から、報告の結果が「過激」にならないようＡＥＣがコントロールしていました。ＡＥＣの横槍があったとはいえ、今から見るとその報告には、「環境における放射性物質は大気圏核実験や原子炉の事故などで増加している」「原発の通常運転で出ているトリチウムは除去できない」「内部被ばく、特にストロンチウム90が牛乳から子どもたちの体内に入っている」ことなどを明記しています。ただし、その総量は危険なものではない、という立場をとっています。

これはAECの委員長ルイス・ストラウスの「核兵器の影響は(自然)放射能の値を上げたかもしれないが、人体に影響を与えるほどではない」という発言によるものです。この発言に多くの科学者が驚きを禁じ得ない中、遺伝研究のカリフォルニア工科大学のアルフレッド・スタートヴァントとインディアナ大学のハーマン・ミュラーが、ストラウスの発言に真っ向から異を唱えました。

二人は遺伝に影響を与える放射能量に閾値はなく、安全な値もない、と提唱してAECの政策に反対したのです。こうした発言のため、ミュラーは一九四六年のノーベル賞受賞者であるにもかかわらず、一九五五年にジュネーブで開かれた「原子力の平和利用第一回国際会議」への参加を妨げられてしまいました(19)。

放射能が人体に及ぼす影響については、体制側の巻き返しも負けてはおらず、再選を目指すアイゼンハワー大統領は、核実験からの放射能は自然放射能と比べて大差がない、という説に固執しました。それは、核実験をしばらく中止する、と宣言していた民主党の大統領候補者アドレイ・スティーブンソンに対抗するためでもありました。次第にこの一九五六年の報告は、AECの発言とともにアイゼンハワーによって「もっとも信頼できる科学者の判断によって、現在行っている水爆実験の継続が人類の健康に影響しない」証明として使われていくことになります。それに伴い、どんな被ばくも遺伝的影響はある、と遺伝学者たちが力説しても、体制側により、個々の遺伝的影響そのものよりも、それがどういった影響でどの程度社会全体に影響するのかが重要だ、と問題そのものがすり替えられていくのでした。[20]

科学者同様、一般市民も放射能の影響に全く気づいていなかったわけではありませんでした。例えば、部分的核実験禁止条約は市民と科学者の協力による「乳歯調査」の発足も後押しをしたものでした。

一九五〇年代半ばまでには、米ソによって行われた数多の核実験からのフォールアウトが健康に影響を与えているのではないか、という懸念が一部の科学者や市民の間で共有されていました。中でも、ミズーリ州セント・ルイスでは「セント・ルイスエリア核兵器情報市民委員会」というグループが立ち上がり、セント・ルイス大学と市内のワシントン大学医学部と共同で、自然界には存在しないストロンチウム９０の人体内の蓄積を調べるため、市民に子どもの乳歯を送るよう呼びかけるプロジェクトを一九五八年に始動させせました。

結果、呼びかけが終わる一九七〇年までの一二年の間に、三二万本もの乳歯が集まりました。[21]これらの乳歯を解析した結果、一九六三年にセント・ルイス近郊で生まれた子どもは、核実験が盛んになる以前の一九五〇年に生まれた子どもの五〇倍のストロンチウム９０が、その歯に蓄積されていることがわかったのです。[22]二〇一〇年には追跡調査の結果も発表され、一九六〇年代セント・ルイス生まれで、中年になるまでに癌で亡くなった男性は、現在も生存している男性に比べ二倍のストロンチウム90が乳歯にあったことが明らかにされました[23]。

ネバダやニューメキシコでの度重なる実験に疑問を呈した科学者は他にもいました。ユタ大学のロバート・ペンデルトンは、実験からの放射性物質は、風に乗り東へ運ばれ、ユタ、アイオワといった州の牧草地帯にも降り注いだのではないかと考え、一九六一年に牛乳に含まれる放射性物質を検査します。すると、牛乳から半減期が三〇年強のセシウム137が見つかりました[24]。

ついで、プラウシェア（鋤の刃）と名付けられた核実験が一九六一年に行われると、ペンデルトンはすぐさま解析を行い、今度はヨウ素131が高い割合で牛乳に混入していることを突き止めました。ヨウ素131は半減期が八日程度と、セシウム137に比べても格段に短いため、これがプラウシェア核実験から放出されたものでしかあり得ないことを証明したのです。

ところが同時期、アメリカ政府は、核実験による放射性物質についての情報を入手していたにもかかわらず、「牛乳を飲むのは健康に良いだけではなく、国力を保つためにも必要だ」という、「牛乳推進キャンペーン」を展開していました。前章で見てきたように、これは五〇年代に盛んであった消費、愛国心、国防とを結びつけた国策の一環であり、これにより多くの子どもたちが、セシウム137入りの牛乳を進んで飲むことになったのです[25]。

放射能人体実験

ここまでは、軍と民間の協力を要する大規模な核実験を見てきましたが、それとは異なり、病院や大学での人体実験は秘密裏に行うことができ、核実験以上に実態は知られていません。しかしながら、実はこうした人体実験がアメリカ国内では、一九四三年から少なくとも一九七三年まで着々と続けられていました。

例えば一九五三年のアイゼンハワーの「核の平和利用」スピーチの時点で、すでに「サンシャイン計画」と呼ばれる人体実験の研究が行われていました。これは核兵器が落とされたと仮定して、そのフォールアウトがどれだけ拡散するかを調査する目的で、ストロンチウム９０の蓄積を測り、人体への影響を調べるものでした。

これは前述のセント・ルイスの「乳歯調査」と同じ目的ですが、研究対象は歯だけでなく、人体組織や骨と多岐にわたっていたため、チームは多くの検体を必要としていました。一九九五年にクリントン政権のもとで情報公開された資料によると、一九五五年頃にシカゴ大学のウイラード・リビー(26)が、積極的に検体——特に子どもの体——が必要だと説き、近親者の許可が得られない場合は「死体を奪ってでも」集める必要がある、と主張していたことがわかっています。また、これらの資料からイギリス、オーストラリア、カナダ、香港そして日本からもサンプルが集められたことが報告されています。

人体実験を暴いた有名な調査報道の一つとして、ニューメキシコ州のジャーナリスト、アイリーン・ウェルサムが一九九三年にアルバカーキ・トリビューン紙に三部作として連載した「プルトニウム実験」を外すことはできません。隠されてきた人体実験の実態を暴いた秀逸なこの連載は、彼女にピューリッツァー賞をもたらしました。ウェルサムは、この記事を元に、さらなる追跡調査を行い、それを一冊の本、『プルトニウム・ファイルズ』にまとめています。[27]

この本には様々な実験の様子が描かれていますが、中でも、一九四五年の九月から一九四七年の五月までのテネシー州の名門校ヴァンダービルト付属の大学病院で行われた実験は特筆に値します。この実験は八二九名の妊婦を対象にしており、彼女らは放射性鉄分を含んだ飲料を「気分が良くなるから」あるいは「ビタミン剤だ」と言われ処方されました。

被験者の一人、ヘレン・ハッチソンは産後、抜け毛に悩まされ、その後妊娠しても流産を繰り返したり、重度の内出血のため一六回も輸血を受けていました。ウェルサムが取材した当時は、悪性の貧血を患っていました。ヘレンの娘のバーバラも、生まれつき体が弱く、自己免疫系に異常があり、ウェルサムとのインタビュー時には皮膚癌を発症していました。[28]

他にも同時期、つまり一九四〇年代後半から六〇年代前半まで、体内に取り込まれた放射性物質が、どれだけの量、体に蓄積し、そして、どの時点で体から排出されるかを調べるため、シカゴ大学をはじめとする大学付属病院でウランやプルトニウムを被験者に注入する実験が行われていました。[29] これ以外にも、放射性の鉄分とカルシウムを飲ませる実験がマサチューセッツ工科大学とハーバード大学で、カルシウム４５とストロンチウム８５を飲用させる実験がコロンビア大学で行われていました。[30]

被ばくを語れない被害者

教育機関や付属病院以外でも様々な実験があり、例えば「グリーン・ラン」と呼ばれた実験は、ワシントン州にある長崎原爆のプルトニウムを製造した施設としても知られるハンフォード核施設で、一九四九年一二月二日と三日、放射性ヨウ素131などを大気中に放ったものでした。それによって、ハンフォードのベッドタウンである三都市[31]では、ハンフォードで働く科学者、作業員の家族を中心に大変な放射能被害が出ています。[32]しかし、ハンフォードという巨大国家施設に、その経済的基盤をほぼ全面的に負うている現状と、国民が忠誠を誓うべき軍の施設である、という事実により、こうした核施設周辺の街では、原爆の記憶が美化され、その後の核兵器製造も国防を担った誇りとして語られています。それはお膝元のリッチランド高校のシンボルであるキノコ雲の校章(二〇六頁)からも見て取ることができます。そのため、冷戦終結による施設の縮小に伴い建屋解体で撒き散らされる放射性物質の風塵による被ばくなど、現在もなお続く自らの被害に声を出せない状況となっています。

軍に対して物申すのは「愛国心の欠如」として白眼視される場合もあるアメリカで、ましてや、その軍により発展してきた街であれば、尚更被害を声高に言うことはできません。実際、大抵の住民は家族、親族の誰かが関係施設で働いているか、施設に関係するビジネス(ホテル、レストランなど)に関わっています。そのため、被害を被害として認識できない場合が多々あるようで、後述するように、あまりに多い癌の症例も、ハンフォードからの放射能とは無関係であると思い込んでしまうのです。

こうした問題に造詣の深い日本研究者のノーマ・フィールドは、このような状況を自らの「被害者性からの疎外」と呼びます。このように被害者が声をあげられず、結果、被害の隠蔽に加担してしまうという現状は、普遍的な現象と言えるでしょう。

軍の施設でない私企業であっても、「被害者性からの疎外」は例外ではありません。ミズーリ州セント・ルイスは、民間の化学薬品企業であるマリンクロット(33)が、当時のベルギー領コンゴから輸入されたウランを精製していた場所です。この地域は、ワシントン州ハンフォード、テネシー州オークリッジ、ニューメキシコ州ロス・アラモスといった原爆開発で重要な役目を担った政府の施設とは、その生い立ちを異にしています。ここで精製されたウランは広島原爆に使われ、マンハッタン計画の重要な一翼を担ったのですが、軍・国の施設ではなかったため、現在でも街と原爆とをつなげる記憶はあまり残されていませんし、この地域と原爆の関係は地元でもあまり知られていないようです。

セント・ルイスでは、大規模な放射能汚染が今も住民の健康を脅かしています。当時は放射性廃棄物は山盛りになって空き地に放置されていた、という地元住民の証言があるように、これらの廃棄物が近くを流れる小川、コールドウォーター・クリークに流れ込んだことは確実のようです。精製で発生した放射能廃棄物の保管に対する責任が曖昧となってしまったのは、ウラン精製をしていたのが国・軍ではなく、私企業だったということが災いしたのです。

さらに被害が拡大したのは、放射能汚染が各家庭にまで届いてしまったためです。このコールドウォーター・クリークはよく氾濫し、近隣の家屋の床に何度となく浸水しました。特にこの地域の住居はトルネード対策で地下にも部屋をもつ家屋が多く、そうした地下の部屋は子ども部屋、あるいは子どもの遊び部屋として使われることが多かったのです。その結果、多くの家庭、特に子どもの居場所が浸水により運ばれた放射性物質で汚染されたと考えられています。

放射性廃棄物が杜撰に放っておかれた地域は、当時は郊外で人口もそう密集してはいませんでした。それが六〇年代にはボーイング社などの進出により徐々に郊外の地域がベッドタウン化し、七〇年代になると、多くの若い家族が家を購入して移り住みました。こうしたベッドタウンで育った現在五〇代前後の人たち、そして、そこでまた家族を持った住民の子ども達まで、様々な健康被害に苦しんでいます。

二〇〇〇年代に入ってようやく、こうした街の歴史と住民の異常に高い死亡率と疾病率に気づいたグループが、汚染の事実を知らしめようと声をあげ始めました。しかし、彼らに対して同じ地域の住民から「地価が下がる」「保険に入れなくなる」などの理由で、大変なバッシングが巻き起こってしまったのです。

問題をさらに複雑にしているのは、行方がわかっている放射性廃棄物の中に、地下に埋められているものがあるということです。地下への埋め立ては、放射性廃棄物に限らず、ゴミから出るメタンガスにより地下火災が起こる可能性があります。通常であれば地中での火災は、いずれ酸素がなくなって鎮火するため、そのままにされるケースが多いのですが、セント・ルイスの場合は、その火災が、地下に埋められた放射性廃棄物——その総量は未だ未確認——に引火すると、未曽有の被害を巻き起こす可能性があるのです。[34]

こうしたアメリカの放射能被害は、繰り返し見てきたとおり、「(原爆投下を含め)国防を担った

（担っている）」といった「語り」か、「科学技術の発展」を祝うパターンのどちらかの「語り」に集約され、表に出てくることはありません。万一、放射能被害を口外すると、「軍への反旗」「愛国心の欠如」「経済が立ち行かない」などの他に「保険料が高くなる」などの理由からバッシングの対象となり、被害者自らが口を閉ざさざるを得ない状況です。それに加え、こうした汚染地域で除染にたずさわるのが陸軍工兵隊であることから、軍の被害者が、軍に恩義を感じざるを得ない構図にもなっています。結果として被ばくの事実が表に出ない仕組みなのです。

このように、政治による意図的で構造的な「被ばく隠し」が、被ばく被害を公にできない状況を作り出しているからこそ、核兵器は未だに「自衛の兵器」として支持され、まるで現実に即さない核の抑止力、相互確証破壊といった戦略（MAD）が、教育現場でも、政治の場でも、大手を振ってまかり通っている、と言えます。

核抑止力論者は「核を持っているからこそ、核を使わずにいられ守られているのだ」といった論旨を用います。第二次世界大戦終結以降、確かにアメリカは、他国に対しての戦闘行為では核兵器は使用していません。しかしその一方で、自国民（領土民も含め）に対し一〇〇〇回以上核を使用しているという矛盾に、核抑止力論は答えることができません。

こうして被ばくの実態が隠されていったことにより、アメリカの市民が被ばくを「語りえない」構造が強化されていくことになります。被害を受けている側が、被ばくという問題を語ったり、そもそも自ら認識することもできないことで、原子力の負の側面は見えないものになっていきます。その結果、「原爆（核兵器）が悪ではない」という我々とかけ離れた理解が共通のものになっていったのです。

このような原因、そしてそれを打破する可能性のどちらにも関わっているのは、人々の核に関する「語り」だと考えています。そこで次章では、放射性物質が流通を始めた戦前から、米国において放射能被害がどのように語られてきたかを追うとともに、原爆開発を「科学の智の結晶」として記念し、可視化してきた方向を検証します。後者は冷戦時代のノスタルジアを喚起する観光地として、消費と結びついていることにも言及していきます。

そして最後に、こうしたアメリカにおける核への認識を変え、核兵器の廃絶を目指すための突破口として、被ばくの語りの可能性、被ばく者の日米の連帯について、私が考える展望を示したいと思います。

［注］
（1）対外的にはアメリカの核兵器非難を中立国スイス、または赤十字などを通じて行っていました。永井均「原爆投下と戦犯問題の影」*Hiroshima Research News*, vol. 5, no. 3 (2003) (https://www.hiroshima-cu.ac.jp/pdf/news15.pdf).
（2）Gabrielle Hecht, "Negotiating Global Nuclearities: Apartheid, Decolonization, and the Cold War in the Making of the IAEA" *Osiris*, vol. 21, no. 1 (2006): 25-48.
（3）核保有国によるウランの独占を許しているため、日米原子力協定(正式名：原子力の平和的利用に関する協力のための日本国政府とアメリカ合衆国政府との間の協定)に基づき、日本はアメリカからウランを貸与されているという事になります。

(4) Robert Stone, *Radio Bikini*, 1988.

(5) Peter Cohen, "Bikini's Tragic Heritage: The world's most atomic atoll is recognized by the UN" *In These Times*, 15 September 2010 (https://inthesetimes. com/article/6414/bikinis_tragic_heritage).「クラゲのような胎児」の原文は jellyfish babies。

(6) Matthew Gault, "The Marshall Islands Tried to Keep the World's Nuclear Powers Honest" *Medium*, 10 June 2015 (https://medium. com/war-is-boring/the-marshall-islands-tried-to-keep-the-world-s-nuclear-powers-honest-de24b4966616).

(7) 資料は以下の政府サイトからダウンロード可(https://www. osti. gov/opennet/servlets/purl/16383814-4bIJka/16383814. pdf)。

(8) Project 4.1と呼ばれたこの実験については、ドキュメンタリー映画 Adam Jonas Horowitz, *Nuclear Savage: The Islands of Secret Project 4.1*, 2012を参照。この他、文化人類学者でマーシャル諸島での研究で知られるバーバラ・ジョンストンが、この記述について言及しているものに Stuart Overbey, *The Forgotten Bomb*, 2010があります。

(9) 補償とその条件は、the Marshall Islands Nuclear Claims Tribunal Act §123 (13) 1987(マーシャル諸島核請求審判委員会法修正法§123(13)1987)に準じます。

(10) 小倉桂子編『ヒロシマ辞典』(平和のためのヒロシマ通訳者グループ、一九八五年)一九六―一九九頁。

(11) フィクションですが、マーシャル諸島の住民がハワイへ移住した暮らしを描いた映画に Andrew Williamson, *The Land of Eb*, 2012があります。

(12) "Marshall Islands nuclear arms lawsuit thrown out by UN's top court" *The Guardian*, 6 October 2016 (https://www. theguardian. com/world/2016/oct/06/marshall-islands-nuclear-arms-law

suit-thrown-out-by-uns-top-court). 日本語で入手可能な先行研究に竹峰誠一郎『マーシャル諸島 終わりなき核被害を生きる』(新泉社、二〇一五年)など。

(13) 棄却に関する法的解釈は Davor Pevec, "The Marshall Islands Nuclear Claims Tribunal: The Claims of the Enewetak People" *Denver Journal of International Law and Policy*, vol. 35, no. 1 (2006): 222.

(14) Joseph Masco, *The Nuclear Borderlands: The Manhattan Project in Post-Cold War New Mexico* (Princeton; NJ: Princeton University Press, 2006).

(15) Terry Tempest Williams, *Refuge: An Unnatural History of Family and Place* (New York: Vintage, 1992).

(16) Robert Stone, *Radio Bikini*, 1988 と M. T. Silvia, *Atomic Mom*, 2010.

(17) 以下のサイトで全文を読むことができます。https://babel.hathitrust.org/cgi/pt?id=mdp.39015049805065&view=1up&seq=3

(18) "The Biological Effects of Atomic Radiation: A Report to the Public from a Study by The National Academy of Sciences" Washington: National Academy of Sciences-National Research Council (1956): 1.

(19) Jacob Darwin Hamblin, "'A Dispassionate and Objective Effort:' Negotiating the First Study on the Biological Effects of Atomic Radiation" *Journal of the History of Biology*, vol. 40, no. 1 (2007): 150-152. とはいえ、ミュラーは発言こそできませんでしたが、会議に出席し、聴衆の一人として会場の席に着くと、彼を尊敬する科学者がスタンディング・オベーションをした、とされています。同書、168.

(20) Hamblin, "'A Dispassionate and Objective Effort'": 174.

(21) 子どもたちは歯を送るのと引き換えに「私は科学に献歯しました」(I gave my tooth to science)と書かれた、前歯の欠けた子どもが笑っているバッジがもらえる、というご褒美がありました。

(22) Jeffrey Tomich, "Decades later, Baby Tooth Survey legacy lives on" *St. Louis Post-Dispatch*, 1 August, 2013.

(23) Joseph J. Mangano, et al. "Strontium-90 in Newborns and Childhood Disease" *International Journal of Health Science*, vol. 5 issue 4 (2010).

(24) この衝撃的な事実にもかかわらず、ペンデルトンの研究はあまり注目を集めませんでした。詳しくは Sarah Alisabeth Fox, *Downwind: A People's History of the Nuclear West* (Lincoln: NE: University of Nebraska Press, 2014): 105, および Tomich, "Decades later": 243 を参照。

(25) Fox, Downwind: 110-113.

(26) Willard Libby はのちに炭素で年代を測る研究でノーベル賞を受賞しています。

(27) Eileen Welsome, *The Plutonium Files: America's Secret Medical Experiments in the Cold War* (New York: Random House, 1999)(邦訳あり：渡辺正訳『プルトニウムファイル　上・下』翔泳社、二〇〇〇年).

(28) Welsome, *The Plutonium Files*: 219-221.

(29) わかっている範囲で、この実験は他にもニューヨーク州ローチェスター大学、テネシー州のオークリッジ付属病院、カリフォルニア州立大学サン・フランシスコ校など、名だたる大学とその付属病院で行われていました。

(30) Arjun Makhijani and Stephen I. Schwarts, "Victims of the Bomb" in Stephen I. Schwarts, *Atomic Audit: The Costs and Consequences of U.S. Nuclear Weapons Since 1940* (Washington D. C.: Brookings Institution Press, 1998): 425-426.

（31）三都市とはケネウィック、パスコ、そしてキノコ雲を校章としていることで知られるリッチランド高校のあるリッチランドの三都市を指します。

（32）次章でも触れるハンフォード風下被ばく者を中心に被ばくの実相を伝える会を立ち上げたトリシャ・プリティキンの父親も科学者としてハンフォードで働いていました。

（33）マリンクロットの正式名称は The Mallinckrodt Chemical Company。

（34）今の所 Tony West, ***The Safe Side of the Fence***, 2015; Rebecca Cammisa, *Atomic Homefront*, 2017という二つのドキュメンタリー映画が、セント・ルイスの核被害に関して作られていて、放射能被害に苦しみ、除染を求める住民の様子を描いています。しかし、映画のトーンとしては原爆製造が悪いのではなく、その廃棄物の処理の仕方が悪い、企業の後始末が悪い、という論調で、除染さえすれば問題ないといった「語り」です。両方の映画に出演しているセント・ルイスで活動している母親たちは、除染が単なる移染であることを熟知していて、それをまたどこか別の地域に押し付けるわけにはいかない、と頭を抱えています。除染に関しては、実際にＦＵＳＲＡＰと呼ばれるプログラムのもと、陸軍工兵隊が行うのですが、年間一ミリシーベルトまで被ばくの量を下げることが除染基準となっています。

第七章　被ばくを歪める語り――なぜ被ばくを語りえないのか

ここまで見てきたアメリカにおける核の「語り」は、第二次世界大戦の終結、すなわち一九四五年以降のものでした。これらは、広島・長崎への原爆投下という事態を受けたうえで、原爆投下に続く核兵器開発・保有を正当化するための「語り」でした。その際の、核による人的・環境被害における視点の欠如は、その多くが意図的であることも確認しました。

こうした「語り」の意図は、第二次世界大戦後にすべてが作られたわけではありません。日本ではもちろん、アメリカですらあまり知られていないことなのですが、広島・長崎への原爆投下以前も、放射能による被ばくの事例が多くあり、健康を害したり、亡くなったりした人は大勢いたのです。原爆以前からの放射能障害を表に出さないことで、アメリカでは核兵器の開発と量産が可能になり、また、核兵器と核分裂によるエネルギーとを分離することで原子力エネルギーの開発・普及が可能になった、とも言えるのです。言うなれば、被ばく隠しは、「核連鎖反応の成功による核兵器の誕生」で始まったものではなく、それ以前から始まっていた、と考えるべきなのでしょう。

ラジウム・ガールズはいかに語られたか

ラジウムとポロニウムの発見で知られる、マリー・キュリー(通称キュリー夫人)は一九三四年、放射性物質に長時間接した結果、被ばくが原因と考えられる再生不良性貧血(正確には低形成貧血)で亡くなったことは知られています。しかしこの時代には、マリー・キュリーのような科学者だけでなく、多くの市井の女性も被ばくが原因で亡くなっています。例えば、二〇世紀初頭、「ラジウム・ガールズ」と呼ばれる女性たちが、仕事上で放射能の犠牲になっていたことは、アメリカでも最近になって注目を集めた事例です。

一九一七年、ジョーゼフ・ケリーという人物が創業した、ニュージャージー州のとある工場はラジウム時計を作っていました。この時計は、ラジウムが入った「アンダーク」という蛍光塗料で文字盤が塗られていて、ラジウムの発光により夜間でも時間の確認ができるという利点から、特に軍隊向けに需要が伸びていました。

腕時計などの小さな文字盤にラジウムを塗っていく、という細かい作業を必要とするこの仕事には、賃金を安く抑えるという資本家の思惑以外に、手の小ささが有利であるという技術的な理由もあり、若い女性が大量に雇用されました。彼女たちの多くは、移民の二世、三世であり、大家族の一員として、家族へ貢献するために工場に働きに出ることを誇りに思っていました。

当時、科学者や専門家はラジウムの危険性は知っていたものの、人体に有害となる閾値や、ラジウムが人体にどういった疾患を引き起こすのかといったことは、まだ良くわかっていなかったこともあり、雇用主は女性たちにその危険性を知らせていませんでした。そのため、多くの女性が細かな文字盤を塗る作業において、ラジウムに浸した筆先を舐めて尖らせる方法をとっていました。中には、仕事の後に繰り出す店で、男性の気を惹こうとラジウムを歯に塗って光らせたり、服に塗布したりする女性もいました。

自らの職に誇りを持ち、就業後にも楽しみを見つけていた彼女たちは、次第に深刻な健康被害の様相を呈し始めます。多くの仲間が病に倒れ、ようやく彼女たちも原因がアンダークにあったのではないか、と思い当たります。しかし、どの医者もラジウムと彼女たちの健康被害との因果関係を認めませんし、健康状態が未だ深刻でない女性作業員たちは、他の女性たちが波風を立てることで、自分たちの職が奪われることを嫌いました。

図 7-1　アンダークの商品広告

味方となる弁護士を見つけるのも大変でしたが、紆余曲折の末、ようやく彼女たちは裁判を起こすところまで持っていきます。しかし、予想された通り、会社側に雇われた医者は、ラジウムと女性の健康被害の関連を認めることはなく、裁判は難航します。最終的に女性たちは勝訴を勝ち取り、ここでの勝訴が他の地域のラジウム時計工場での裁判にも影響し、翻っては労働者全般の健康を守る法律の制定へとつながっていきます。

このニュージャージー州の例はラジウム・ガールズの代表例とされていますが、実はシカゴ市と同じイリノイ州のオタワ市にも、同時期にラジウム時計を作っていたラジウム・ダイアル社の工場がありました。ニュージャージー州と同じく、ジョーゼフ・ケリーが創業し、ここでも、やはり若い一〇代の女性、特にヨーロッパからのカトリック系移民の二世、三世が多く雇われていました。(1) ニュージャージー州でのアンダークによる被害は一九二〇年頃から一般に知られるようになっていたようですが、経営者であるケリーは、被害の声を意に介していないようでした。

オタワ生まれで、ラジウム・ダイアル社で働いていたキャサリン・ウルフは当時のことを回想し、「家に帰って暗いお風呂場で手を洗っていると、手が光ったり、クローゼットにかけた服が光ったりしていました(2)」と証言しています。多くの同業の女性が病に倒れる中、オタワの彼女たちもなんとか裁判で勝訴を勝ち取ります。

裁判の判決を受け、イリノイ州のラジウム・ダイアル社は倒産しますが、工場建屋はそのまま除染されることもなく食肉加工工場として長く使われ、その後協同組合の店となりました。この建屋は一九六八年に解体されましたが、瓦礫はオタワ市内の埋め立てに使われました。

また、ラジウム・ダイアル社の倒産後、ケリーはすぐ近くにルミナス・プロセシーズという同じ製品を製造する新会社を作り、こちらは一九七八年まで操業していました。敗訴にもかかわらず、ケリーが事業を拡大できたのも、一九二九年の大恐慌の余韻もあり、全米で取り扱っている割合が小さかったラジウムについて、またそれにより被害を被ったラジウム・ガールズについても、取り立てて世論が騒ぎ立てることもなかったからです。

ケリーの新会社は「蛍光塗料を含んだブラシを口に入れなければ大丈夫」と女性従業員に指導していましたが、結局、従業員の八割が悪性の腫瘍を患ったと言われています。

この会社も、一九七八年に終業しますが、ラジウムがきちんと除染されていないまま食肉保管庫として長らく使用されていました(3)。本来ならば、建物が解体された後、瓦礫は「低線量放射能廃棄物」としてワシントン州の放射能廃棄物一時保管庫に送られるはずでした。しかし、予算不足のためしばらく郊外に置き去りにされていましたし、相当量の瓦礫は高校のフットボール球場の下に埋められたままでした。そのため、オタワ市の水道からは、高濃度の放射線量が検出されたこともありました。

さらに、ケリーの息子である、ジョーゼフ・ケリー・ジュニアが引き継いだニューヨーク州はクィーンズにある同様の工場も、建物から基準値の四〇倍のガンマ線が出ていることがわかり、一九八七年に除染のため五〇〇万ドルの支払いを裁判所から命じられています(4)。

ラジウム・ガールズは資本家の犠牲になっただけではなく、「科学の発展」のために心ならずも寄与することになりました。一九四八年に、アメリカ政府は六八〇〇万ドルをかけて、シカゴ大学の原子力研究所を、シカゴ市から南西四八キロの街に移転しアルゴンヌ国立研究所とします。

研究員は早速ラジウム・ガールズを無償で呼びだし、色々と質問をしたり、レントゲンを撮ったりしました。(5)

また、ラジウム・ガールズが亡くなる度に、アルゴンヌ国立研究所は研究員を派遣しました。彼女たちの遺体からは放射線が出ていたので、被ばくを防ぐため、研究員は放射線防護服を装着して遺体を調べ、その後、遺体は鉛の棺桶に入れられました。しかし、一九八七年の時点でも、市のカトリック教会の墓地ではガイガーカウンターが反応する、と市民は証言しています。(6)

『アトランティック』というアメリカで歴史のある総合雑誌に、二〇一七年、ようやくオタワのラジウム・ガールズの話が掲載されました。(7) すると、読者からの投書が相次ぎました。「オタワの不動産屋の女性の祖母がラジウム・ダイアル社で働いていたが、この祖母が亡くなった時、彼女の体からまだ放射能が出ていたため、鉛で封をした棺桶に遺体を入れ直した」「工場が解体された後の瓦礫は学校、役場や庁舎の建物、低所得者層のアパートなどに使われた」「オタワには一六もの除染を必要とする地域がある」などです。(8) また一九八八年には、工場のあったオタワ市は全米一白血病の割合が高い、と書かれた記事が出ています。(9) しかし、このような事実が公にされるまでには多くの年月を要しました。地元の役所とビジネスが「風評被害」(実際には実害)を嫌ったからです。

現在、オタワ市の工場跡地の近くには、彼女たちを記念する等身大の碑が建立されています。ただし、その「語り」は「彼女たちが闘ったおかげで労働者を守る法律ができた」といったものになっているのです。それ自体は大事な視点であるものの、こうした碑は、彼女たちの「英雄化・偶像化」を強調するにとどまり、被ばくによる健康被害、企業と医師による被害の黙認と隠蔽といった重要な問題を見えにくくしています。

もちろん、愛する人たちの「無駄死に」を認めるのは辛いことで、「未来のための犠牲、礎」という「語り」にすり代える論法は、洋の東西を問いません。そして、この「未来のための」というレトリックは、科学と結びついた時に、極めて強力な、それゆえに反論しづらいものになっていきます。[10]「彼らの犠牲のおかげで、今多くの命が救われている」と。しかし、労働法が成立するのに彼女たちの苦しみと死が必然であった理由はありません。当時の資本家と医師が彼女たちを死に追いやったということから目を背けるべきでなく、こうした犠牲を出すことなく、労働者の権利の獲得があって然るべきでしょう。

健康飲料としてのラジウム

ラジウム・ガールズの例に見られるように、ラジウム被害が広がった背景にはラジウムそのものの値段が下がったこととも関係があります。一九一〇年まででは一グラム五〇万ドルという高値で取引されていたラジウムは、ウラン鉱山が北米のコロラドやカナダでも見つかったことから、値崩れが起き、約四分の一の一二万ドルまで下がったのです。そして、それがラジウムを使った商品化の大量生産に拍車をかけていきました。[11]例えば、ラジウムを出すベルト、革紐、パッチなど、患部に当てて使う医薬部外品から、放射能入りの歯磨き粉、ヘア・トニック、避妊ゼリー、

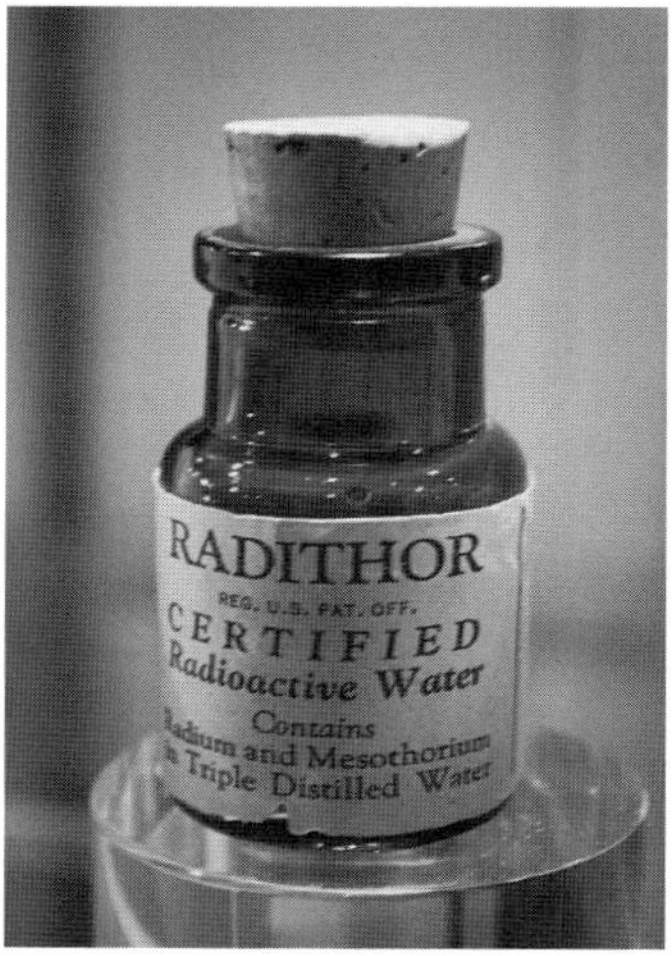

図7-2　レディソアの空き瓶
Sam LaRussa from United States of America [CC BY-SA 2.0 (https://creativecommons.org/licenses/by-sa/2.0)], via Wikimedia Commons

メガネ、補聴器などが、第一世界大戦後、続々と市場に出始めました。[12]

また同じ頃、一九一八年から一九二九年の一一年間、ラジウム水と銘打たれた、商品名レディソアが商品化されていました。[13] これはラジウム226とラジウム228を混ぜ合わせたもので、当時は「お疲れの体へ」とか「永遠の太陽を体内へ」といったようなキャッチフレーズで、健康飲料として売られていたのです。これは第二章で言及したような「力の源」としての放射性物質のイメージに該当するものと言えるでしょう。

こうした商品が台頭した一九二〇年代のアメリカは「進歩主義時代」(一八八〇年から一九二〇年頃)に位置づけられ、女性の参政権を求める運動や子どもを過酷な労働から守る運動などが盛り上がっており、個々の肉体への意識も高まっていて、今で言う「健康ブーム」が起きていたのです。食料や薬の安全性の取り締まりが行われ、「純正食品・薬品法」が一九〇六年に制定されました。[14]

ラジウムの先見性と健康ブームの流れに乗ったのが、当時億万長者で、スポーツマン、実業家でもあり社交家、ニューヨークの上流階級で名うてのプレイ・ボーイとして生涯独身だったエベン・バイヤーズでした。バイヤーズは体格も良く、トラップ射撃の名手でもあり、全米アマチュアゴルフ選手権で優勝するなど、体力に自信があっただけでなく、鉄鋼業で成功を収め大恐慌でもビクともしない経済的基盤も持ち合わせていました。

バイヤーズは一九二八年頃から、当時話題になっていたレディソアを愛飲していたようです。一九三二年に亡くなる直前、彼の体重は四二キロ程度にまで落ち、体中の骨が砕けており、腫瘍を取り除くため顎や頭蓋骨の一部を切除しなければならない状態でした。死の翌日には『ニューヨーク・タイムズ』に「エベン・バイヤーズがラジウムの毒により死去」という見出しが躍りました。

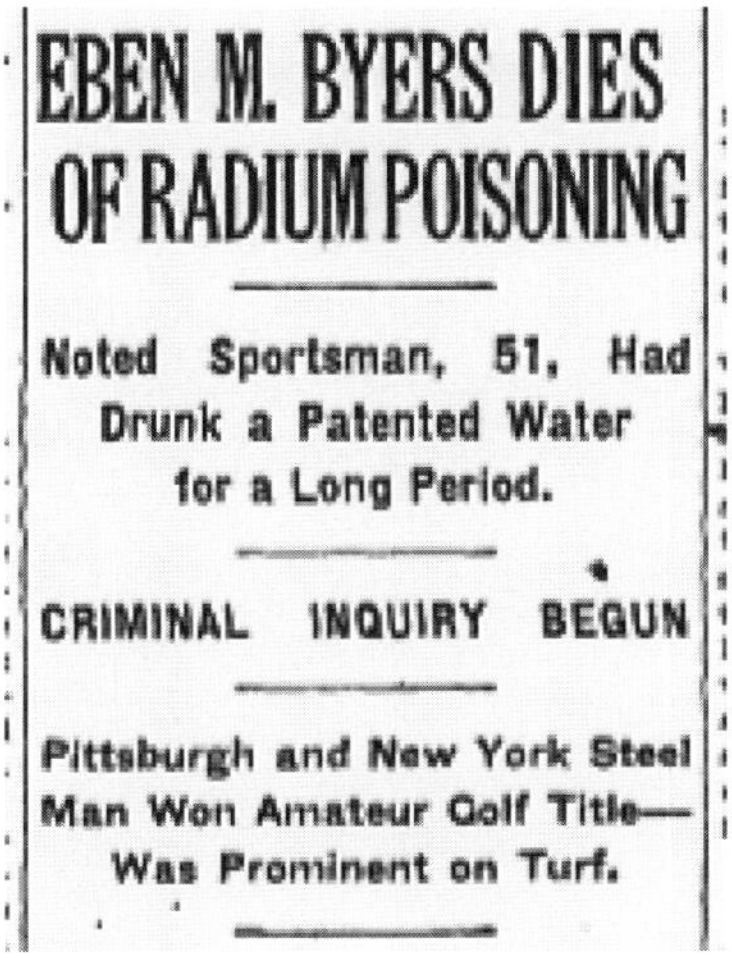

EBEN M. BYERS DIES OF RADIUM POISONING

Noted Sportsman, 51, Had Drunk a Patented Water for a Long Period.

CRIMINAL INQUIRY BEGUN

Pittsburgh and New York Steel Man Won Amateur Golf Title—Was Prominent on Turf.

図 7-3　エベン・バイヤーズの死を報じる『ニューヨーク・タイムズ』の見出し

死後、彼が多量のレディソア——一九二八年初頭から一九三〇年の一〇月までの三年弱の期間に、およそ毎日一四グラム——を愛飲していたことが突き止められました[15]。

このレディソアは、ハーバード大学を中退したウイリアム・ベイリーによって開発されたものでした。一九一〇年にマリー・キュリーの古典的著作

『放射能の取り扱い』を英訳したベイリーは、放射性物質を医療に使うことに興味をもち、次々と製品を世に出します[16]。特に「若返り」を謳った商品、レディエンドクリネイター(Radiendocrinator)は放射能(radiation)と内分泌腺(endocrine)とを合わせた彼の造語で、放射能により内分泌腺の分泌が盛んになり、若返るとしたものです。この商品は、ポケットに入れて持ち運べるよう、名刺入れのようなサイズと形状でしたが、ケースは金で縁取られ、中にラジウムの入った本体が青色のベルベットの中敷きの窪みに収まっている、という仰々しいものでした。当初、この製品は一〇〇〇ドルで売り出され、やがて五〇〇ドル、一五〇ドルと値を下げたものの、当時のニューヨーク市長、ジェームス・ウォーカーも、色々な持病の治療法として使っていた、とのちに語っています[17]。

こうした製品を経てベイリーはレディソアを売り出すのですが、この商品は飛ぶように売れ、一九二五年から五年間の間に四〇万本を売りました。しかし、一九三〇年ごろから前述のバイヤーズが体に変調をきたし、一九三二年にバイヤーズが亡くなる少し前から、世間もようやくラジウムの危険性に注目をするようになり、彼の死の三ヶ月前に、連邦取引委員会がレディソアの宣伝中止を勧告しています。ラジウム・ガールズのような、多くの貧しく若い女性の死は訴訟を起こしてようやく、わずかながらの注目を浴びたのに比べ、富裕層の男性一人の体調不良と死は、当時から世間の注目を集めていたというのは残念な現象です。

バイヤーズの遺体からは強い放射線が出ていたため、ラジウム・ガールズと同じように、鉛の棺桶が埋葬に使用されたことがわかっています。彼の死から三三年後の一九六五年、マサチューセッツ工科大学の科学者ロブリー・エヴァンズが、残留放射能を測るためバイヤーズの墓を掘り起こすことにしました。エヴァンズは、ラジウムの半減期が一六〇〇年であることから、その時点で骨に蓄積したラジウムを測れば、死亡時の量とさして変わらないだろう、と推測し、一〇万ベクレル程度のラジウムを予想していました。しかし、結果は驚くべきことに二二万五〇〇〇ベクレルもありました。これは、ラジウムが予想よりも骨にたまりやすいか、あるいはバイヤーズが伝えられている以上の量のレディソアを飲んでいたかだとエヴァンズは結論づけています[18]。

これらの事例が示すのは、放射性物質を一定期間体内に取り入れる内部被ばくの危険性は早くからわかっていた、ということです。これはレントゲン照射や飛行機に搭乗することでさらされる外部被ばくとは異なり、取り込んだ放射性物質により体が内部から被ばくし続けるという危険性を意味します。

しかし、科学信仰と、それと結びついた新商品は、引き続き消費者に訴えかけます。一九五〇年代になっても、アメリカではまだ放射性物質が入ったコールドクリームが、ドロシー・グレイというブランドから売られていました[19]。日本でも一九五〇年代に原子力と美容を結びつける宣伝がありました。ジェンダーと核についての研究を行う加納実紀代によると、当時、週刊誌に「原子力は美人もつくる　アイソトープでアザをとる方法」と題した記事が掲載されていたようです[20]。

こうした数々の事例にもかかわらず、特に内部被ばくについての軽視が続きます。原爆投下後、内部被ばくの情報が全く出回っていなかったわけではなく、人々の口にはのぼっていたようですが、公には検閲の対象とされました。

真珠湾攻撃以前から東京のUP通信で働いていた日系アメリカ人のレスリー・ナカシマは、広島にいた母親の安否を確認するため八月二二日に東京から広島に入っています。そこで彼は『ニューヨーク・タイムズ』に寄稿する原稿を書くのですが、「ウランの影響で病気になるという警告がある。ウランは地中に染み込み、そのため、人々は破壊された地域に入れない。このことと関係し、救援活動を行っていた兵士の何人もが体調を崩し、そのため活動は中止されたと報じられている。(略)わたしはウランを吸い込んだのだろう。なぜなら、わたしはいまだに食欲不振に苛まれ、ほんの軽い仕事をしただけで疲れてしまうからだ」。しかし、内部被ばくを示唆することの当該箇所は、掲載時には見事に削除されてしまいました[21]。

ここで強調したいのは、広島・長崎の被ばくの実情と放射能障害のみが隠蔽されたわけではないことです。ラジウム・ガールズやレディソアの例が示すように、放射能による実害は一九四五年以前からわかっていました。それにもかかわらず、その後もアメリカ内外での被ばくは続けられたのです。おそらく内部被ばくの害がわかっているからこそ、数多の核種から、どの核種が人間の体のどの部分に、どのように影響するかを知る必要があったのでしょう。こうしたことを究明するために、アメリカは、次々に実験を繰り返すのです。

このように、あらゆる放射能障害が色々な方法で隠されてきたからこそ、核兵器開発が可能だったのであり、この文脈からみると、広島・長崎への原爆投下さえもアメリカにとっては、核・放射能実験の一つだったとみることも、穿ち過ぎではないでしょう。被害の隠蔽が不断に行われてきたからこそ、その実態が見えないまま、現在の核に対してもキノコ雲のイメージが至るところで使われ、現実味のない核抑止論が横行してしまうのでしょう。

観光化するアメリカの被ばく地

歴史家のケネス・ルオフは「奉天、南京、曲阜への日本の観光旅行、一九三八―一九四三」と題された大変興味深い論文で、戦前の日本におけるこれら三都市への観光の隆盛と、大日本帝国下の植民地政策との関連を紐解き、観光旅行は「日本人に大日本帝国のプロジェクトの内容、そしてそれにかかる費用と利益をわからせるための教育的手段でもあった」と説きます[22]。つまり観光旅行とは、消費の一形態として見るだけではなく、旅行者と、訪れる土地との関係性を強固にする装置、つまり記憶の「受け皿」ともなることが示唆されています。そのことに迫るためには、その土地で何が、どういった形で(あるいはどういった「語り」で)消費されているのかに注意を払うことが必要です。

一九五一年、ネバダ核実験場での最初の実験以来、ラスベガスの商工会議所は、すぐに核実験を観光の目玉にしようと画策します。そこで、実験が行われる時間を調べ、核爆発の瞬間はどこからの景観が一番良いか、といった情報を盛り込んだカレンダーを製作、配布します。ホテル業界もこれに乗じ、宣伝文句を「屋上からキノコ雲が良く見える」としたり、最上階の部屋を高値で売り出したりしました。こうして自らを「アメリカの原子力都市」として売り出したラスベガスは、ホテルで「原子力パーティー」を開き、「ミス・アトミック・ボム」コンテストの応募を募り（五〇頁、図2-5）、併設のバーで「原子力カクテル」を提供し、集客に乗り出しました。

一連の核実験と連動したイベントの中で最も人気を博したのは、「アメリカで唯一の原子力歌手」という呼び込みで毎晩観客を沸かせていた、若い男性歌手でした。彼の名前はエルヴィス・プレスリー。あのエルヴィスも、核ビジネスに利用されていた一人だったのです。

こうして、早い時期からラスベガスは、「核実験」をエンターテインメントとして消費していました。中にはドライブの途中で車を停め、ボンネットなどに腰掛けて、キノコ雲が立ち上がるのを待つ人たちもいました。実験によるキノコ雲は一六〇キロ離れたところからでも見えたと言われています。もちろんこうした核実験のエンターテインメント化は「被ばく」の惨状を知らされていないからこそ成り立つ「観光」と「消費」の形態であって、こうした人たちの、その後の健康状態の追跡調査などはされていません。

こうした「観光」としての原子力政策を、アメリカは国レベルで行っていました。マンハッタン計画の三大拠点の一つ、テネシー州オークリッジでは、すでに一九四〇年代後半には「平和のための原子力！」といったスローガンのもと、原子力と平和をつなげるイデオロギーの体現化を目指していました。これは、アイゼンハワーのスピーチ以前のことで、科学の先端を行く街としての自負から、国民を「啓蒙する」役割を早くから自らに課していた、というわけです。

実際、オークリッジでは分裂性のウラン・アイソトープを製造するための原子炉を早くから稼働させていましたが、原爆製造は国家機密であったため、ハンフォードやロス・アラモス同様、この施設も戦後しばらくは秘密都市として地図にも載っていませんでした。しかし、原爆投下後の一九四九年には付属の「アメリカ原子力博物館」(現在は「アメリカ科学とエネルギー博物館」)を開館させており、瞬く間に皆が訪れる観光地となったのです[23]。

ハンフォード同様、「戦争を早く終わらせた」ことを誇りに思うオークリッジ市民は、自らの市を「原子力時代の生誕地」と位置づけ、街のドラッグストアでは、小さなキノコ雲がたくさん書かれた袋入りピーナッツが売られていました。

この博物館は、原子力科学を子ども達に教える工夫が満載でした。特に人気があったのは、「被ばくコイン製造機」だったようです。小さなコイン投入口に一〇セント硬貨を入れると、中性子がコインに当たるチリン、チリンという音が鳴り、しばらくすると、「中性子による被ばくコイン　アメリカ原子力博物館[24]」と刻印されたコインが、鉛のケースに入って出てくる、というものです。

このコインがきちんと(!)被ばくしているか、コインからの放射線を確かめるためにガイガーカウンターも設置されていて、出てきたコインからの放射線を感知したガイガーカウンターが、ガガガっという音を出す、という仕組みでした。多くの子どもたちは、この実験に満足し、ズボンやスカートのポケットに被ばくコインをしまい込んだようです。科学者の父の元、オークリッジで育った学者のディーディー・ハレックは自らも被ばくコインを収集していた四〇年前のことを回想しつつ、同じように被ばくコインを持っていた子どもたちの成人後の生殖機能は大丈夫だっただろうか、と思いを馳せています[25]。

同様に、子どもを対象とした消費される被ばく体験といえば、ウラン入りのおもちゃも、かつ

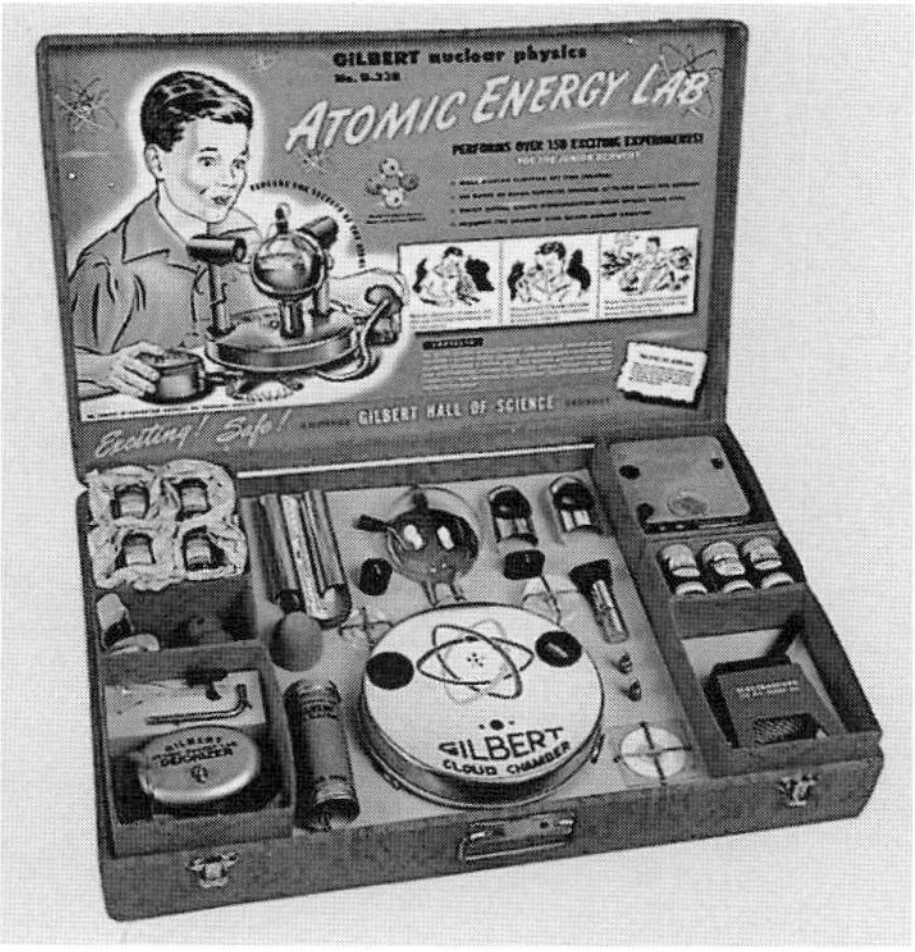

図7-4 ギルバート社の「U-238原子力研究室」セット（Gilbert U-238ç Atomic Energy Laboratory）
写真提供：Webms

て存在していました。

図7-4は一九五〇年から五一年にかけて市場に出ていた「U-238原子力研究室」というおもちゃです。このセットには、実際にウランが入ったガラス瓶や、電池で動くガイガーカウンターなどが入っていました。当時四九・五ドル（現在の価値で五〇〇ドル、つまり五万円以上）で売られていたため、これを子どもに購入する層は限られていたでしょうが、これで遊んだ子どもたちのその後の健康などは、一切わかっておらず、この業者がウラン入りのおもちゃを売ったことで罰せられた、という後日談も聞きません。

マンハッタン計画のもう一つの拠点、ロス・アラモスでも同地の科学研究所の付属博物館（現「ブラッドベリー科学博物館[26]」）がすでに一九五四年には一般に公開されていました。一九六三年から次第に機密指定が解除された文書や写真などが展示に付け加えられ、多くの入場客で賑わいました。一九九三年には、来場者数の多さに駐車場の確保が難しくなり、交通の便の良い市街地へと場所を移すほど、人気の博物館となりました。

他にもハンフォードは、西側諸国の中でもっとも放射能汚染がひどいと言われている地域であるにもかかわらず、二〇〇九年以降一八歳以上に限り、長崎原爆のプルトニウムを製造したB原子炉へのツアーを行ってきました。またアメリカ市民と非市民とを分けたツアーも行っていました。(27)

これら三地域――オークリッジ、ロス・アラモス、ハンフォード――は、二〇一四年、原爆開発のマンハッタン計画を記念する「マンハッタン国立歴史公園」に指定されます。この決定が正式に調印され、国立公園としては訪問者を国籍や年齢で制限をかけてはいけないので、誰にでも門戸を開くこととなり、ハンフォードのあるワシントン州では小学四年生に当たる学年を、原子炉のツアーに参加させるよう指導さえしています。このように、被ばく地は「教育」という名目のもと、就学中の子どもや、家族連れを取り込み、実際の被ばくの被害に触れない「科学の力」としての核の「語り」の「受け皿」として機能してきました。

一九五一年から一〇〇回近くの大気圏実験(地下も含めると八〇〇回以上)が行われたネバダ州ラスベガスには「国立核実験博物館」があります。これは比較的新しい博物館で、開館は二〇〇五年。国立に指定されたのはオバマ政権時の二〇一二年です。他の博物館が歴史や科学に重点を置いた「教育的」なものになっているのに比べ、この博物館のウェブサイトは、原色を多用した現代的なポップ感満載の「楽しい」ものになっています。

こうした特徴は、博物館で開催されるイベントの名称と宣伝、土産物売り場にある商品、そしてサイトそのものの色使いやデザインなどに顕著です。例えば、ウェブサイトはメインカラーである赤と黄色をふんだんに使っていて、明るいだけでなく、キャンベルスープの缶のようなキッチュなデザインです。土産物売り場には、第二章で紹介したキノコ雲の水着を着た女性の写真がついた野球帽が売られています。以前は広島原爆と長崎原爆を型どったイヤリングも売られていましたが(28)、現在はバッジのみのようです。

もちろん楽しいだけではなく、専門家による一連の講義も行っています。この博物館の目玉の一つが核実験に伴う「爆風」を体験できるというものです。しかし、この博物館で体感できる「爆風」は、核兵器が都市に落とされることによる爆風――つまり、砕かれたガラス破片や壊れた家具などの一部が一緒に飛んでくる爆風、熱線や放射線と一緒にやってくる爆風――とは全く別物です。しかし、こうした「安全」な爆風を体感して、博物館が来場者(主に子どもたち)に学んで欲しいものとは何なのでしょうか。

最初の核実験、トリニティーと呼ばれる実験が広島原爆の約三週間前に行われたニューメキシコ州のトリニティー実験場は、一九七五年に国定歴史建造物に認定され、観光客は実際の爆心地を見ることができるようになりました。実験で溶けてしまったガラス瓶などの破片はそのままになっていて、かつては観光客が自由に持ち帰っても良いことになっていましたが、現在は、当局により破片は収集され保管されています。

アメリカ内外の核兵器関連施設を家族旅行の目的地にした、とあるジャーナリスト一家がいます。彼らは、このトリニティーサイトを訪れ、案内をしてくれた陸軍の広報担当のデビー・ビンガムとジム・エックルズに残留放射能について、施設の安全性について質問しています。二人は「今は安全です」と返答し、トリニティーサイトでの放射線量は自然放射線量の値を少しばかり上回るくらいで、放射能障害を起こすには、自分の体重くらいの砂を食べる必要がある、という説明をしたそうです。「安全でなければ観光客を入れたりしません」と、彼らは自信を持って言う反面、デビーは「なんと言っても我々が政府（権威）なのです」という皮肉な発言もしています。(29)

そのほか、アイダホ国立研究所も、運転を終えた原子炉ツアーをしています。ＥＢＲＩと呼ばれるこの原子炉は、研究所がまだ国立原子炉試験場と呼ばれていた一九五一年に、アメリカ初の実験用増殖炉として運転が始まりました。普段は五月の最終月曜日から九月の第一週の月曜日の夏の間しか一般公開されていません。やはり子どもの夏休みと呼応しています。

しかし、この施設ではかつて三名の死者を出す重大な事故を起こしているのです。一九六一年一月三日、点検のため運転を中止していたＳＬ-1原子炉は翌日再稼働する予定になっており、作業員三名が夜勤で詰めていました。しかし、夜九時に警報が鳴り、消防士が駆けつけたところ、原子炉でメルトダウンが起きており、コントロール・ルームは放射線が高く、入れる状態ではありませんでした。突入のためにはフル装備の放射線防護服の準備が必要で、数時間後に、ようやく準備の整った二名がコントロール・ルームの奥の地下原子炉格納庫に入ります。そこでは作業員の一人ジャック・バーンズがすでに亡くなっており、床にはもう一人、リーロイ・マッキンレーが息も絶え絶えに倒れていました。なんとかマッキンレーを救急車に乗せましたが、彼は数分後に息を引き取りました。マッキンレーの体からは高度の放射線が出ていたため、汚染を広げないよう救急車はハイ・ウェイを外れて走り、彼の体を鉛の毛布で包んで扱いました。[30] その晩遅くに、三人目リチャード・レッグの遺体が見つかりました。彼の体は爆発で飛んだ金属の破片で、格納庫の天井に串刺しになっていました。彼の遺体を下ろすのには数日を要し、除染(移染)にも数ヶ月かかっています。[31]

コロラド州では、二〇一七年の秋、ロッキー・フラッツ核施設の跡地が国立野生動物保護区として生まれ変わり、一般に公開されることになりました。二一平方キロのこの保護区は、かつてのロッキー・フラッツ核施設内の工場を囲むように指定されています。

現在も工場そのものの跡地はフェンスで囲われ立入禁止となっていますが、全米でも一、二を争う汚染度であることは、環境庁も認めているところです。工場は一九五二年から一九九二年まで四〇年間稼働し、核兵器の爆破装置となるプルトニウムの核を作っていました。しかし、この工場は事故が絶えない現場で、一九五七年にはプルトニウムの発火事故を起こし、プルトニウムを大気中に放出させてしまいました。一九五九年には野ざらしにされていた放射性廃棄物からの漏洩がありましたが、一一年後の一九七〇年に風に乗って運ばれたと思われる放射性物質がデンバーで見つかるまで、その事実は隠されていました。

一九六七年にもこの工場からプルトニウムを含んだ物質が漏洩し、一九六九年には再び火災が起こっています。奇跡的に核爆発を避けられた危機一髪の事故で、除染に二年かかっています。一九七二年、一九七三年には近隣にあるウォールナット川と、グレート・ウェスターン貯水池でトリチウムが見つかり、翌年には隣接地の地表から高度のプルトニウムが見つかりました。[32] これほどの汚染があった地域一帯が動物保護区とされているだけでなく、遊歩道を備え、ハイキングができるようになっているのです。

似たような例では、前章で取り上げたセント・ルイスから程近い、ミズーリ州のウェルドン・スプリングがあります。ここは、かつてあった核兵器工場跡地の放射能廃棄物の上に盛り土をし、小山を作っており、訪れた人々はこの小山に登っても良いことになっています[33]。

ここまで挙げた事例は、核開発を「科学の進歩」の文脈でポジティブに語っており、被ばくによる健康被害についてはほとんど触れていません。こうした被ばく地の観光化はアメリカに限ったことではありません。広島・長崎をはじめ、チェルノブイリでは「ダーク・ツーリズム」として、福島では「復興ツーリズム」として観光地化は進んでいます。そこで、どのような体験がどう「語られ」、「受け皿」を作っていっているのかを、見極めていくのが重要だと思います。

こうしたツーリズムにおいて、例えば被災地である福島の人々が原発に代わる、また損害を受けた様々な産業に代わる経済的基盤を構築したい気持ち、「普段の暮らし」を取り戻したい住民、あるいは元住民の気持ち、などは無視されるべきではないでしょう。しかし、そうした気持ちに耳を傾けることと、被ばく地に暮らすことの危険から目を逸らすこととを、一緒にしてウヤムヤにするべきではないと考えています[34]。

アメリカ内外の核施設の観光地化とそこでの語りは、「脆弱な命」が顧みられない巧妙な文化的条件を作り上げる装置として機能しており、多くの人が「人質」として口を封じられている状態です。実際、これらの地で、被害の実態が明らかになった時、誰がどのように失われた健康に責任を取れるというのでしょう。

水俣では、水銀は胎盤を通らない、ということが長らく医学界の「常識」でした。しかし患者を多く見ていた臨床医の原田正純医師のおかげで、今ではその「常識」が「非常識」であったことも証明されています。また、今では良く知られている被ばくと子どもの甲状腺ガンの関係を明らかにしたのは、当初は医学界から軽視されていたベラルーシなどチェルノブイリ近辺の臨床医たちでした。

アメリカにおいて、日本において、被ばく者の方々、被ばくで苦しむ人たち、そうした人たちを支援している人々、そして彼らを見ている臨床医たちの闘いに敬意を表すると同時に、ジュディス・バトラーの言葉を借りれば、彼らの身体(あるいはDNA)に刻印された傷を「嘆くべきでない」と圧力をかけてくる「文化的条件」とは一体何なのか、[35]と問わずにはいられません。

語られる核の力・語られない核の被害

被ばくの被害を可視化するには、まず被ばく者が自らの被ばくを自覚しなければなりません。しかしここまで見てきたように、アメリカにおいてはそれは極めて難しいものです。

特に今、私が憂慮しているのは、「被ばくに安全な閾値はない」とする学説を一貫して支持してきたアメリカ環境保護庁(EPA)で、見過ごせない人事異動があったことです。トランプ政権は、少量であれば被ばくもその他の有害物質も健康に影響はないとする科学者、ブラット・アルシュを、EPAの諮問委員会の委員長に任命したのです。

これは、実はアメリカでも問題になりつつある多数の老朽化した原発施設の廃炉と、それに伴う放射性廃棄物の処理に関して、まずは作業員の被ばく値が問題になるであろうことを先取りした政策のように思えてなりません。そして、こうした兆候はアメリカ以外の国にも、特に日本において反映されやすいため、とても懸念しています。

しかし、今までみてきた困難を乗り越えて、被ばくの体験を語り、訴える人々も出てきています。そうした被ばく者が、自分たちの「語り」を通じて、世の中に自覚を促す機会が広がる可能性に希望を持っています。

その一例が、ハンフォードの「風下被ばく者[36]」のためのNGOグループCORE(コア)です[37]。COREには、発起人のトリシャ・プリティキンをはじめ「語り部」としても知られるトム・ベイリー[38]、世界の放射能被害がある地域を一〇年以上訪れている広島市立大学教授のロバート(ボー)・ジェイコブズ[39]、福島を何度も訪れ、福島原発告訴団を様々な形で支援してきたシカゴ大学名誉教授のノーマ・フィールドなどが所属しています。ジェイコブズとフィールドの紹介で、私も委員として、COREのメンバーを中心に二〇一八年三月に「長崎・ハンフォード架け橋プロジェクト」を企画しました。これは、長崎の被ばく者と長崎の大学生をハンフォード核施設、そして近隣の大学、ハンフォードのベッドタウンであるリッチランドのリッチランド高校へ招待するという企画です。

この企画のため、長崎の被ばく者、森口貢さんと、当時長崎大学の四年生だった光岡華子さんが参加してくれました。私たちが考えていたのは、今までは日本から被ばく者の方が来て、原爆被害を語ることが多かったのですが、私たち自身や日本の被ばく者、そしてその支援者も地元の被ばく者から学ぶことはないか、という双方向な企画でした。

同じくCOREのメンバーである政治学教授、シャンパ・ビスワスが、自らが所属するウィットマン大学で被ばく者の講演を企画してくれたおかげで、被ばく証言は、大学コミュニティーに好意的に受け取られ、証言はスタンディング・オベーションで終わりました。

図 7-5　ハンフォード核施設ベッドタウンのリッチランド高校の校章
撮影著者

その後、キノコ雲が校章となっているリッチランド高校を訪れ、リッチランドの「核」にちなむメニューを売りにしているダイナーを訪問。同じ市内にある墓地の見学（多くの子どもの墓石が五〇年代に亡くなっていることを示唆していました）の後、最後に長崎原爆のプルトニウムを製造したハンフォードB原子炉のツアーに参加、といった一週間の旅でした。ただし、放射線量が十分に明らかにされていないハンフォードB原子炉に、若い大学生である光岡さんに同行してもらうわけにはいかないので、この時間だけ、光岡さんには市内に残ってもらい、地元のリッチランド高校生と対話する時間を作ってもらいました。

この一週間に亘る被ばく者のハンフォード、リッチランド訪問は、地元の新聞、ニュース、あるいはアメリカの公共放送に当たるPBSでも取り上げられました(40)。しかしそこでも、メディアの俎上にあがった「語り」は一面的なものでした。長崎の被ばく者である森口さん自身の被ばく体験が放送されたのは有り難かったのですが、それはリッチランド高校のシンボルを見て呆気に取られる森口さんと、そのシンボルを誇らしく思う生徒のコメントが並列されているものでした。

また、ハンフォードの原子炉についても、被ばく体験を持つ森口さんが長崎原爆のプルトニウムを製造した原子炉に入った！というだけの「語り」になっているものが多数で、ここで被ばくしたであろう多くの作業員やその家族の話はありませんでした。

ここで、被ばくの実害を言語化、可視化することが核兵器廃絶にもつながると考えていた私たちは、地元ハンフォードの人たち自身が被っている放射能障害を語ることの難しさに直面するのです。地元の被ばくによる健康被害は、メディアはおろか、当事者である住民の方も認めないものでした。

リッチランドでホームステイをさせてもらったご家族も、原爆・核兵器には否定的で反核運動にも関わっていた方々でした。しかし、ハンフォードからの放射能汚染の話になると、頭から否定します。「近所の女の子が脳腫瘍にかかった」という話を、私たちにしてくれた時でさえ、ハンフォードからの放射能の影響ではあり得ないという態度でした。ハンフォードが汚染され、リッチランドにも影響を与えていることは、新聞でも報道されているのにもかかわらず、です。

図 7-6　リッチランド高校，放送部のマーク
撮影著者

私がその際に感じた難しさとは、まず、アメリカの核に関する「語り」が「国を守る」ことに直結しており、正義として市民道徳の一部になっていることが挙げられます。そして、その「語り」を支える教育があり、経済システムがあり、軍隊があり、エンターテインメントがある、ということ。これらが、当事者が、被ばくを強いるシステムに対して声をあげるのを難しくしている要因なのです。

しかし一方では、そうした事情を理解しつつも、自覚されないままでは被害は永遠に後世へと引き継がれていく、という懸念から、被ばく者としての自覚を他人に強要したい要求があり、倫理的ジレンマを感じていました。皆が被ばくから守られるよう、被ばくの被害を語るのも大事、でも、私が被ばくの自覚を人に強いる資格があるのか、というジレンマです。放射能被害が語られない要因として、「自覚できない環境」というものがあることを学ぶと同時に、福島後の日本でも同様のことが往々にしてあるのではないか、と感じました。

とはいえ、声をあげることの重要さ、と同時に、あげられない難しさを個人の責任に帰するのも、また悪しき「自己責任論」だと考えます。(41) 言語化、あるいは公にできない難しさが、国の物語（アメリカであれば軍に感謝することが市民道徳的位置に置かれていること）や、社会的要因にあるのならば、そこにメスを入れることなく、個人に責任を転嫁するのは、単なる「怠惰」や「無責任」でもあると危惧します。

この「長崎・ハンフォード架け橋プロジェクト」は、「国境に捉われず、ヒバクシャをつなごう」という構想を実現しようとした企画で、その重要性と同時に、これからの課題も明確にすることができた経験でもありました。「大学」という比較的リベラルで安全な場所を通して反核グループとつながり、核兵器廃絶で同意し合う。これは、それなりに問題はあっても、達成できた思いもあります。しかし、志を同じくする反核のグループの人達が、自らが被っている可能性のある核施設周辺の放射能障害になると、なぜその被害について話せないのか、そこに問題の根深さを痛感するのです。

前章から見てきた「被ばく隠し」や、被ばくに触れない「曲解された語り」は、単なる「話」以上の力があり、そこには「市民道徳」的な倫理観も盛り込まれています。だからこそ、放射能被害の「無垢化」を批判し、主流の物語に反対するには、「非愛国的」と言われることさえ覚悟しないといけないのです。自らを被ばく者と認める心理的ハードルの高さもあるでしょうし、人から非愛国的と言われ、職場や地域での様々な人との繋がりに影響を及ぼすこともあるでしょう[42]。

こうしたこと全てが「語れない」現実を作り出し支えている、と言える現状で、声をあげている人たちの勇気に感謝すると同時に、「声をあげること」を個々の責任に帰してはいけない、と痛感します。

これからの「語り」

では、どうしたら「声をあげ」、「語れる」ようになるのかを模索している日々ですが、やはり、「被害」を可視化していくことに尽きると思います。その際に、兵器として使用された側の被害に「語り」を特化してしまうと、「こんな恐ろしいことが起こるのならば、攻撃された時に備え、我々も保持しなければならない」という「抑止力」の論理にたやすく移行してしまうのは、今まで見てきたとおりです。

繰り返しになりますが、核兵器はその使用のみならず、ウラン採掘から始まって、その生産から解体まで多くの犠牲を伴うものであり、またその犠牲が往々にして政治的な「命の脆弱さの不均衡な分配[43]」の結果であることは、なかなか語られません。キノコ雲の下で焼かれ、爆風に煽られ、放射能障害で苦しむ脆弱な命の行く末から目をそらす働きをしてきた「語り」が、被ばくの体験を直接語ることのなかった歴史とともに、被ばく体験を「観光」という消費の対象としてしまったのです。

こうした理解においては、キノコ雲という原爆や核兵器の象徴は、必ずしもその下で起こっていることを想起させるものではありません。むしろ、地上で起きていることを覆う象徴となっているのです。

実際、日本で象徴として使われるのは広島・長崎の際のキノコ雲ですが、アメリカで使われるのは、その後の核実験のキノコ雲が圧倒的です。ですから、その下で起こっているものを想像させる、という前提さえない象徴なのです。そのため、核兵器による被ばくの体験は、ジェットコースターで感じるようなスリルを味わえる爆風といった、余興的な展示に置き換えられることが可能となるのです。

放射能がもたらす健康被害、環境汚染について触れないことが、アメリカの核兵器理解が「大きな爆弾」から進化していない原因でしょう。アメリカで、放射能被害が語られないのは、放射能障害を語ることで核兵器のみならず、「核」というものが、ウランの発掘、精製の過程から、兵器として組み立てられ、実験として使用され、あるいは未使用のまま、古くなったものとして解体され廃棄される、こうした全プロセスで人体と環境に悪影響を及ぼし、それは何万年も続く、という事実が、まさに「核抑止論」という国策を根本から覆すものだからでしょう。「核抑止論」の

図7-7　ダイナーの地ビールのメニュー．特に上の四つは全て核の言葉遊びが入っている．「半減期白ビール」「アトミック・アンバー」「プルトニウム・ポーター」「IP2A 国際プロトン・ペール・エール」(IPA，インディアン・ペール・エールというビールの種類をもじったもの)　撮影著者

論理は、核は確かに「戦闘」で「敵」に対して使われることはありませんでしたが、皮肉にも自国民に多大な被害を強いている、という事実を無視してしか成り立たないものなのです。

「歪められた語り」の解体と「被ばくの語り」の連帯の可能性

七〇年以上もの間、アメリカの国策として、知識(知識の隠蔽をするための知識)や資源、予算をふんだんに使って展開されてきた、抑止力的な「語り」のパターンを覆すことができるのは、やはり放射能障害と、それを話せないシステムである「語り」のパターン、被ばくの被害を歪める「語り」の解体でしかないのではないか、と思っています。アメリカ、日本に限らず、放射能被害を公にできない現状を分析し、改善し、誰の命がより危険に晒され、より脆弱な立場に置かれているのかを見極めていかなければならないでしょうし、新しく生み出す「語り」の「受け皿」(メディア・博物館・資料館・教育現場)も考えていかなければならないでしょう。

そうした試みの中で、COREをはじめとする、様々な声をあげている被ばく者、その支援者と連帯すること、特に核保有国に顕在する多くの被ばく者と一緒に声をあげていくことが、核兵器廃絶、ひいてはこれ以上、人々と環境を放射能に曝さないための有効な戦略ではないか、と思っています。

もちろん、日本政府に対し、国連の核兵器禁止条約への調印を促すことも大事な戦略ですし、そういった活動をしている多くの若者がいることを、大変心強く思っています。それは、核抑止論の理論を持って日本の核保有を主張する陣営を牽制することにもなるでしょう。今まで見てきたように、核を持つということは、自国民の被害なしには成り立たないことは強調しすぎてもしすぎることはありません。これは、もちろん「他国民」ならば良いということではなく、「核で国を守る」という論旨自体が破綻している、ということに他なりません。

　序章でも触れたように、田井中雅人は、超核大国であるアメリカを「アメリカは核大国であるゆえに被ばく大国」と的確に指摘しています。ここまで幾度も見てきたように、ラジウムなどの物質の製品化、ウランの発掘、度重なる核実験など、大量の核を利用するために、それだけ多くの国民が図らずも被験者になっているのです。

　こうした、核保有国国内にある被ばくの認識の妨げになっている「語り」を分析し、解体していくこと。そしてそれと同時に、核保有国が展開する核政策（核の傘を含め）、そして放射能の広がりを考えた場合、これは一国の問題ではないため、（国の内外を問わず）参政権がない人たち、声をかき消されてしまっている人たちの声を傾聴し代弁していくという活動も合わせて必要ではないでしょうか。

　そして、アメリカの、そして他国の被ばく者とつながるためには、私達自身の、日本の被ばくの被害についても、「なぜ話せないのか」を考えることが大事でしょう。前述のように、被ばくで傷ついた体に対し「嘆くべきでない」と圧力をかけてくる「文化的条件」とは一体何なのか(44)という問題は、核と放射能の問題が一国にとどまらないことを鑑みても、常に自問するべき問いと考えます。

[注]

（1）この地域の多くの住民がカトリックであったことは、当時のカトリック教徒が権威に従順であったことも関係があるのではないか、と一九八七年のドキュメンタリー「ラジウム・シティー」で、監督が示唆しています。Carole Langer, ***Radium City***, 1987. これはVimeoで見ることができます(https://vimeo. com/ondemand/radiumcity?autoplay=1)。また、ジョーゼフ・ケリーがカトリックだったことも関係しているでしょう。

（2）Kate Moore, ***The Radium Girls: The Dark Story of America's Shining Women*** (Naperville; IL: Sourcebooks, 2017): 44.

（3）Sarah Zhang, "A Century Later, the Factory That Poisoned the 'Radium Girls' Is Still a Superfund Site" ***The Atlantic***, 15 March 2017 (https://www. theatlantic. com/notes/2017/03/radium-superfund-legacy/519408/).

（4）David E. Pitt, "Owner Signs Accord Saying He'll Clean Radium Plant" ***The New York Times***, 18 October 1987 (https://www. nytimes. com/1987/10/18/nyregion/owner-signs-accord-saying-he-ll-clean-radium-palnt. html).

（5）これは、ラジウム・ダイアルのケリーが一九四三年にはルーズベルト大統領とアインシュタイン博士とに会っており、マンハッタン・プロジェクトにも関わっていたことと関係があるのかもしれません。Jonathan Rosenbaum, "Process of Illumination" ***Chicago Reader***, 4 February 1988 (https://www. chicagoreader. com/chicago/process-of-illumination/Content?oid=871742).

（6）Langer, ***Radium City***.

（7）Sarah Zhang, "The Girls with Radioactive Bones: How the 'radium girls' revealed the danger of radiation, and fought for safety standards" *The Atlantic*, 1 March 2017 (https://www.theatlantic.com/science/archive/2017/03/radium-girls-kate-moore/515685/).

(8) Sarah Zhang, "A Century Later, the Factory That Poisoned the 'Radium Girls' Is Still a Superfund Site."

(9) Rosenbaum, "Process of Illumination."

(10) ほぼ同時期に「自発的」に科学――ここではレントゲン――の犠牲となったアメリカ市民についての論文が発表されています。Rebecca Herzig, "In the Name of Science: Suffering, Sacrifice, and the Formation of American Roentgenology" *American Quarterly*, vol. 53, no. 4 (2001): 563-589.

(11) Roger M. Macklis, "Radiomedical Fraud and Popular Perceptions of Radiation" in Raymond Gagliardi, ed., ***A History of the Radiological Sciences*** (Reaston; VA: Radiology Centennial, 1996): 282.

(12) Macklis, "Radiomedical Fraud": 285.

(13) 現在でも、レディソアの空ビンがイーベイというインターネットのオークションサイトなどで取引されています。

(14) Ruth Clifford Engs, *Clean Living Movements: American Cycles of Health Reform* (Westport; CT: Praeger, 2000). 特に Part II。

(15) Cori Vanchieri, "Radiation Therapy Pursuit Leads to Unearthing to 'Hot Bones'" *Jounral of the National Cancer Institute*, vol. 82, no. 21 (1990): 1667.

(16) Roger M. Macklis, "The Great Radium Scandal" *Scientific American*, vol. 269, no. 2 (1993): 97.

(17) Macklis, "Radiomedical Fraud": 288.

(18) Timothy J. Jorgensen, "When 'energy' drinks actually contained radioactive energy" ***The Conversation***, 3 November 2016 (http://theconversation.com/when-energy-drinks-actually-contained-radioactive-energy-67976).

(19) この製品のコマーシャルは今でもユーチューブなどで見ることができます。Debbie Ray, "Radioactive Dirt Used in 1950's Dorothy Gray Cold Cream Demonstration" ***99.9 KTDY***, 4 April 2013 (https://999ktdy.com/radioactive-dirt-used-in-1950s-dorothy-gray-cold-cream-demonstration/).

(20) 加納実紀代『ヒロシマとフクシマのあいだ――ジェンダーの視点から』(インパクト出版会、二〇一三年)三七―三八頁。

(21) 井上泰浩『アメリカの原爆神話と情報操作――「広島」を歪めたNYタイムズ記者とハーヴァード学長』(朝日新聞出版、二〇一八年)九六頁。

(22) Kenneth Ruoff, "Japanese Tourism to Mukden, Nanjing, and Qufu, 1938-1943" ***Japan Review***, 27 (2014): 172. 著者には、***Imperial Japan at Its Zenith: The Wartime Celebration of the Empire's 2,600th Anniversary*** (Ithaca; NY: Cornell University, 2010)があり、これは日本語に翻訳されています。木村剛久訳『紀元二千六百年――消費と観光のナショナリズム』(朝日新聞出版、二〇一〇年)。

(23) 正式名称はThe American Museum of Atomic Energyで、現在はThe American Museum of Science and Energyに改称されています。

(24) 刻印の原文は"Neutron Irradiated American Museum of Atomic Energy."

(25) DeeDee Halleck, "Perpetual Shadows: Representing the Atomic Age" ***Wide Angle***, vol. 20, no. 2 (1998): 73.

(26) 研究所の二代目所長を一九四五年から一九七〇年まで務めたノリス・ブラッドベリーの名を冠して一九七〇年に正式名称を、「ノリス・E・ブラッドベリー科学博物館」(Norris E. Bradbury Science Museum)へと変更。

(27) David Lowe, "The Manhattan Project Historical National Park" in David Lowe et al. eds., *The Unfinished Atomic Bomb: Shadows and Reflections* (Lanham; MD: Lexington Books, 2017): 178.

(28) M. T. Silvia, Atomic Mom, 2010 参照。

(29) Nathan Hodge and Sharon Weinberger, *A Nuclear Family Vacation: Travels in the World of Atomic Weaponry* (N. Y.: Bloomsbury, 2008): 32.

(30) 現在、三名の遺体はアーリントンにある国立墓地に鉛で封をした棺桶で埋葬されています。

(31) Cassandra Willyard, "Benchmarks: January 3, 1961: Three men die in nuclear reactor meltdown" *Earth: The Science Behind the Headlines*, 2 January 2009 (https://www.earthmagazine.org/article/benchmarks-january-3-1961-three-men-die-nuclear-reactor-meltdown). また、あまり知られていない、この事故をもとにアンドリア・ウィリアムスがフィクションを書いています。Andria Williams, *The Longest Night: A Novel* (NY: Random House, 2016).

(32) このように、高頻度で汚染が起きているこの地について、一九八二年に、核兵器と原発産業が一対であることを明らかにしたドキュメンタリー映画『ダーク・サークル』が公開され(Judy Irving, Christopher Beaver, and Ruth Landy, *Dark Circle*, 1982)、ロッキー・フラッツの郊外で少女時代を送ったクリステン・アイヴァーセンの手記も二〇一二年に出版されています。Kristen Iversen, *Full Body Burden: Growing Up in the Nuclear Shadow of Rocky Flats* (NY: Broadway Books, 2013). こうした注目すべき活動はあるものの、全米規模ではあまり汚染が知られておらず、そのため保護区の一般公開となったのでした。

(33) Jon Wiener, *How We Forgot the Cold War: A Historical Journey across America* (Berkeley; CA: University of California Press, 2012): 4.

(34) 政府がいまだに非常事態宣言を撤回していない福島県では、年間許容放射能量が二〇ミリシーベルトに引き上げられていることは、差別政策であり、許されるべきではありません。避難先で複雑な思いを抱えている人々、様々な理由で避難できない方々(避難できないことは往々にして自己責任ではないため)を、ともに追い込むことなく、と同時に、復興や観光、普段の暮らしを、通常の二〇倍以上の放射能基準の上に築こうとさせている政府の矛盾を厳しく追及していかなくては、この事故の責任は問われないままになってしまうのではないか、と危惧します。

(35) Judith Butler, *Precarious Life: The Powers of Mourning and Violence* (London: Verso, 2006): 46(邦訳あり：本橋哲也訳『生のあやうさ——哀悼と暴力の政治学』以文社、二〇〇七年).

(36) 原文のDownwindersという語は通常「風下住民」と訳されますが、文脈で想起される被ばくの問題が表されないことから、私は「風下被ばく者」の語を用いることにしています。

(37) COREは、Consequences of Radiation Exposureの頭文字をとったもので、「放射線被曝がもたらすもの」という日本語訳があてられています。聞き手：田井中雅人「(核の神話：8)「風下住民」被曝の実態、命がけで訴え」朝日新聞、二〇一六年一月五日(https://digital.asahi.com/articles/photo/AS20151228001358.html)。トリシャ・プリティキンの被ばく証言ビデオはhttps://www.atomicheritage.org/profile/trisha-pritikinで見ることができます。プリティキンの著作Trisha Pritikin, *The Hanford Plaintiffs: Voices from the Fight for Atomic Justice* (Lawrence: KS: University Press of Kansas, 2020)も参照。

(38) トム・ベイリーの日本語インタビュー記事。聞き手：田井中雅人「(核の神話：9)農民が語る汚染された米国の「真実」」朝日新聞、二〇一六年一月一三日(https://digital.asahi.com/articles/photo/AS20160112001011.html)。

(39) ジェイコブズの研究以外に、日本平和学会にも、核問題を研究し続ける高橋博子、竹峰誠一郎による「グローバルヒバクシャ」分科会があります。

(40) 一例を挙げるとHal Bernton, "Nagasaki survivor visits Hanford, finds some of the story still untold" *The Seattle Times*, 11 March 2018 (https://www.seattletimes.com/seattle-news/northwest/nagasaki-survivor-visits-hanford-finds-some-of-the-story-still-untold/). ＰＢＳビデオは"Nagasaki survivor visits the U.S. town that fueled his city's destruction" 9 August 2018 (https://www.pbs.org/newshour/show/nagasaki-survivor-visits-the-u-s-town-that-fueled-his-citys-destruction).

(41) こうした「自己責任論」は日本のみの現象ではなく、ネオリベラリズムの特徴であることは、例えばジュディス・バトラーとアテナ・アタナシオとの対談でも言及されています。Judith Butler and Athena Athanasiou, *Dispossession: The Performative in the Political* (Malden; MA: Polity, 2013): 103-108.

(42) 例えば二〇〇五年に当時広島市長の秋葉忠利氏がデュポール大学で講演をした際、講演会場の前の道路で観客を誘導してくれていた大学院生が「そんな奴を呼んでなんになる」と言った通行人と喧嘩になるところでした。

(43) 例えばprecarityの説明として次の文章を参照。「プレカリティ――社会的に不安定な状態に置かれること――とは、ある種の人々が、社会、経済の支援システムの恩恵から外されることで被っている、政治的、作為的に作られた状態を指す。これにより、これらの人々は、(システムに支えられた人たちとは異なる次元で)あらゆる被害、暴力、そして死の危険に晒される」Judith Butler, *Frames*

of War: When Is Life Grievable? (London: Verso, 2009): 25(邦訳あり：清水晶子訳『戦争の枠組——生はいつ嘆きうるものであるのか』筑摩書房、二〇一二年).

(44) Butler, *Precarious Life*: 46.

あとがき

二〇二〇年三月冬学期の授業を終えたと同時に、私の勤務する大学は新型コロナウイルスへの感染を懸念して、学生は全員寮を退出、教員は自宅待機が告げられました。二週間の春休み（最初の一週間は試験週間で、次の一週間は採点期間となります）は、春学期に向けてオンライン授業に移行するための準備に費やされることになりました。自宅待機後一週間でシカゴ市はロックダウンに入り、二〇二〇年五月末現在でも出口が見えないまま、自主隔離は続いています。色々な矛盾が噴出する中で、放射能障害とコロナ禍との相違点や共通点について思いをめぐらしているところです。

現時点ではわからないことがまだ多々ある新型コロナウイルスですが、やはりウイルスと健康被害との相関関係（感染率・致死率など）がある程度可視化できる点で、放射能障害との違いを感じます。放射能による「スロウ・デス」（Slow death, 遅れてくる死）は「突然死」として訪れるよりも、数年、時には数十年にもわたる体の不調や癌など、病気の再発を繰り返し、苦しんだ末の死として訪れがちです。しかも、その時点で放射能による被ばくとの相関関係が明確にされる件数は限られています。

とはいうものの、コロナウイルスによる感染も感染源が不明であったり、肺などの臓器への症状が長引くこと、入院などをはじめ、無差別なようで実は社会的に不利な状態に置かれている人が、より被害を被るという共通点もあります。また、感染者本人に対する差別的言動が、その家族にまで及ぶ事例もあることから被害を口外できないなど、本書で展開してきた放射能障害との類似点に心痛を覚えています。

原因が何であれ、長期にわたる家族や親しい友人の病は、経済的不安をはじめ、様々な暮らしの場面で付きあい方や関係性を変えることを余儀なくされます。親が病気になれば就学中の子どもでも親の面倒を見るといったケースも出てくるでしょう。友人が長期の病となれば、その家族のことも思わずにはいられません。将来の健康、生活に対する不安は計り知れません。

新型コロナウイルスとの関連で被ばくの問題を改めて考え、こうした長期にわたる病を引き起こす放射能障害について知れば知るほど、誰も放射能で傷ついて欲しくない、という思いが募ります。これは、教壇に立ち、アメリカの学生――アメリカ生まれの学生もいれば、親や自身が移民である学生、留学生として学んでいる学生、そして軍に所属している学生――と、核について対話をする際、いつも心に留めておこう、と意識していることです。

実際には、学生と対話できる境遇を最大限に使わなければ、という意気込みが空回りして、なかなかうまくいかずに落ち込むことも多く、もがいているのですが、その「もがき」をこうして書く機会が与えられたことで、より多くの人たちと共有できることを有り難く思っています。

その「もがき」を言葉にし、発表するよう励ましてくれたのが、朝日新聞の田井中雅人さんでした。田井中さんとは、トルーマン大統領の孫であるクリフトン・トルーマン・ダニエルさんのシカゴのお家にお邪魔したり、セント・ルイスで現地の被ばく者の方の聞き取り調査をしたりと、日米の被ばくに対する理解を深める仕事で志を同じくし、それが本書のきっかけとなりました。深くお礼を申し上げます。

本文でも触れましたが、二〇一八年の「長崎・ハンフォード架け橋プロジェクト」は示唆の多いものとなりました。長旅にもかかわらず、快く同意してくださった長崎の森口貢さん、当時長崎大学教育学部生で、リッチランド高校の生徒と交流してくれた光岡華子さん、その交流のアレンジをしてくださったNHK長崎放送局の渡部(わたべ)祐樹プロデューサーと撮影チームの皆様のご尽力にも感謝いたします。長崎大学の全炳徳さん、中村桂子さんは、光岡さんを紹介してくださっただけでなく、研修旅行、Ｚｏｏｍを使った授業などでいつもご協力いただき、学生同士の交流をさせてもらっています。そしてＣＯＲＥメンバーであるトリシャ・プリティキン、シャンパ・ビスワス、ボー・ジェイコブズと一緒にこのプロジェクトを遂行できたことは大きな喜びでした。

このプロジェクトの最初のきっかけは、長崎市の平和発信事業費補助金をいただけたことでした。また、企画途中で「このままでは足が出る！」とわかった時、多くの友人が手助けをしてくれました。中でも、山平由紀子さん、そして友松利英子・和彦さんからは多大な協力をいただきました。この場を借りてお礼を申し上げます。

また、こうした問題点を一緒に考えてくれた仲間がいたことは、本当に幸運、光栄でした。広島で私にこうした「もがき」を話すきっかけを作ってくれた、益見孝述さん、ギャラリー交差611の石河(いしこ)真理さん、ワールドフレンドシップセンターの三村庸子さん、ありがとうございました。ここシカゴでも、同僚のカリアーニ・メノン、近松暢子さんにはいつも貴重な助言をいただいています。また、福島原発事故が発端となり、放射能障害や核について、真面目に、でも楽しく勉強するグループ「シカゴ閑人の会」では、参加者の皆様から多くの学ぶ機会をいただけたことを感謝します。

中でも、この「閑人の会」の呼びかけ人であり、私の心の師であり、気のおけない友人であり、親戚のようでもあり、旅の仲間でもあり、「長崎・ハンフォード架け橋プロジェクト」や五度に亘るアトミック・エイジと題したシンポジウムを一緒に成し遂げて、「盟友」と私が勝手に思っているノーマ・フィールドさんがいなければ、この本は実現しませんでした。彼女の助言と洞察力、そして情熱と共感力には、この本だけではなく、私の人生において多いに影響を受けました。

東京大学の西村明さんが繋げてくださったご縁で、岩波書店の大橋久美さんとこの企画を進めることができました。また、拙文に毎回、的確な指示と励ましをくださった編集者の大竹裕章さんには全幅の信頼をおいて、楽しく仕事をさせてもらいました。ありがとうございました。

最後に、いつも惜しみなく様々な形で私の仕事を支えてくれる日米の家族にも感謝を表します。

今回のコロナによる自粛で（お陰とは言えません）、私たちの暮らしが、医療従事者の方をはじめとして、私たちの生活に必要不可欠なもの（と、私たちの暮らしを明るくしてくれるもの）を作ってくれる人々、それらの流通を担っている人々、私たちが出すゴミを収集してくれる人々、といったように様々な人によって支えられていることが、少しは可視化されたのではないかと思います。

こうした私たちの暮らしの繋がりが、コロナ禍を乗り越えるヒントになるように、色々な境

——ジェンダー・地域・国・言語・イデオロギー・宗教——を超えて私たちが繋がっているという現実のもと、「誰も放射能で傷つかない世界」の実現を目指す「語り」の可能性を、これからも学生たち、そして多くの仲間と共に探っていきたいと思っています。

二〇二〇年五月

宮本ゆき

宮本ゆき

広島県出身．シカゴ大学大学院で修士・博士号取得(宗教・哲学・政治倫理学)．デュポール大学教授，デュポール人文学センター長．被ばく被害と倫理に関する研究を行い，大学で「原爆論説」や「核の時代」などの講義を行っている．著書に *Beyond the Mushroom Cloud: Commemoration, Religion, and Responsibility after Hiroshima* (Fordham University Press, 2011)，論文に“Gendered Bodies in *Tokusatsu*” *The Journal of Popular Culture* vol. 49, no. 5 (2016)，“In the Light of Hiroshima” *Reimagining Hiroshima and Nagasaki* (Routledge, 2017)などがある．

なぜ原爆が悪ではないのか アメリカの核意識

2020年7月29日　第1刷発行
2023年9月15日　第4刷発行

著　者　宮本(みやもと)ゆき

発行者　坂本政謙

発行所　株式会社 岩波書店
〒101-8002 東京都千代田区一ツ橋 2-5-5
電話案内 03-5210-4000
https://www.iwanami.co.jp/

印刷・製本　法令印刷

ISBN 978-4-00-024182-3　　Printed in Japan